21世纪高职系列教材
SHIJI GAOZHI XILIE JIAOCAI

钳工实训指导

主编 张 翼

哈尔滨工程大学出版社

内容简介

本书以中级钳工为主要对象,以介绍钳工操作步骤和方法为重点,突出钳工职业能力。主要内容有钳工常用量具设备、划线、锉削、錾削、锯削、钻孔、扩孔、锪孔和铰孔、攻丝、套丝、矫正、弯曲、刮削、研磨、装配工艺基础等基本知识;针对钳工的操作给出8个基础实训内容和12个综合实训课题。

本书可供高职院校作为实训教材,也可供高职院校技能培训使用。

图书在版编目(CIP)数据

钳工实训指导/张翼主编.—哈尔滨:哈尔滨工程大学出版社,2007.2

ISBN 978-7-81073-948-1

Ⅰ.钳… Ⅱ.张… Ⅲ.钳工-基本知识 Ⅳ.TG9

中国版本图书馆CIP数据核字(2007)第021074号

出版发行 哈尔滨工程大学出版社
社　　址 哈尔滨市南岗区东大直街124号
邮政编码 150001
发行电话 0451-82519328
传　　真 0451-82519699
经　　销 新华书店
印　　刷 肇东粮食印刷厂
开　　本 787mm×1 092mm 1/16
印　　张 7.75
字　　数 160千字
版　　次 2007年2月第1版
印　　次 2009年8月第2次印刷
定　　价 14.00元
http://press.hrbeu.edu.cn
E-mail:heupress@hrbeu.edu.cn

前 言

进入21世纪,我国制造业在世界上所占比重越来越大。随着我国逐渐成为"世界制造业中心",对高技能人才,特别是钳工技能型人才的需求量越来越大。因为任何一套电工电子产品、机电产品都经过零件的生产和整机组装,在维修和保养时,还要进行拆卸、维修和装配;这一切都要求操作者必须具备一定的钳工技能。为了满足钳工技能型人才的需要,钳工技能的教学内容和教学方法也需要不断进行调整。

本书是钳工工艺和钳工技能练习的一体化教材,力求体现国家倡导的"以就业为导向,以能力为本位"的精神,结合钳工职业技能鉴定的要求,注重实训教学,强化上岗前的培训。本教材在编写过程中力求突出以下特点。

1.本教材系根据高等职业学院对钳工技能人才培养培训指导方案中核心教学与训练项目的基本要求和有关国家职业标准编写的。在编写的过程中,是在经过深入调研,总结多年教学培训经验,结合生产实际,广泛参考有关资料的基础上完成的。

2.在内容编排上以中级钳工的基础知识、专业知识和相关知识为主要内容。为便于读者自学,对相关知识部分作了必要的扩充,适当收入了初、高级工的内容。

3.在内容的选择上,紧扣钳工工种《国家职业技能鉴定规范》中的考核要点,所选课题源于生产实际,操作过程曾在生产或实习中得到验证,具有一定的典型性、实用性和通用性。

本书由渤海船舶职业学院张翼主编,戴武参编。其中第一章至第三章由戴武编写,其他各章由张翼编写。

本书在编写过程中得到了有关领导和同志的大力支持,在此表示衷心的感谢。由于编者的水平有限,不足之处在所难免,恳请各相关高职院校师生和广大读者在使用本教材过程中给予关注,并将意见及时反馈给我们,以便修订时完善。

编 者

2006年11月

目录

第一章 钳工常用量具、设备

第一节 常用量具

一、量具概述

量具是指用来测量、检验工件及产品尺寸和形状的工具。量具的种类很多,根据其用途和特点不同,可分为三种类型。

1.万能量具

这一类量具一般都有刻度,能对不同工件、多种尺寸进行测量。在测量范围内可测量出工件或产品的形状、尺寸的具体数值。采用量具有游标卡尺、千分尺、百分表和万能角度尺等。

2.专用量具

这一类量具不能测量出实际尺寸,只能测定工件和产品的形状及尺寸是否合格,如卡规、量规、塞尺等。

3.标准量具

这一类量具只能制成某一固定尺寸,通常用来校对和调整其他量具,也可以作为标准与被测量件进行比较,如量块。

二、游标类量具

凡利用尺身和游标刻线间长度之差原理制成的量具,统称为游标类量具。游标类量具是一种中等精度的量具,可以直接量出工件的外径、孔径、长度、深度、孔距和角度等尺寸,常用的游标类量具有游标卡尺、游标高度尺、游标深度尺、齿厚游标卡尺和万能角度尺等。

1.游标卡尺

它是一种中等精度的量具,常用的测量范围为 0~125 mm、0~200 mm、0~500 mm。

(1)游标卡尺的结构　游标卡尺由尺身(主尺)、游标(副尺)、固定量爪、活动量爪、制动螺钉等组成,精度有 0.1 mm,0.05 mm 和 0.02 mm 三种,如图 1-1 所示。

(2)游标卡尺的刻线原理　0.05mm 游标卡尺刻线原理是主尺上每格长度为 1 mm,副尺总长为 39 mm,并等分为 20 格,每格长度为 39/20 = 1.95 mm,则主尺 2 格和副尺 1 格长度之差为 2 mm - 1.95 mm = 0.05 mm,所以它的精度为 0.05 mm。0.05 mm 游标卡尺的刻线原理如图 1-2 所示。

0.02 mm 游标卡尺刻线原理是主尺上每格长度为 1 mm,副尺总长为 49 mm,并等分为 50 格,每格长度为 49/50 = 0.98 mm,则主尺 1 格和副尺 1 格长度之差为 1 mm - 0.98 mm = 0.02 mm,所以它的精度为 0.02 mm。0.02 mm 游标卡尺的刻线原理如图 1-3 所示。

(3)游标卡尺的读数方法　首先读出游标副尺零刻线以左主尺上的整毫米数,再看副尺上从零刻线开始第几条刻线与主尺上某一刻线对齐,其游标刻线数与精度的乘积就是不足 1 mm 的小数部分,最后将整毫米数与小数相加就是测得的实际尺寸。游标卡尺读数方法如

图 1－4 所示。

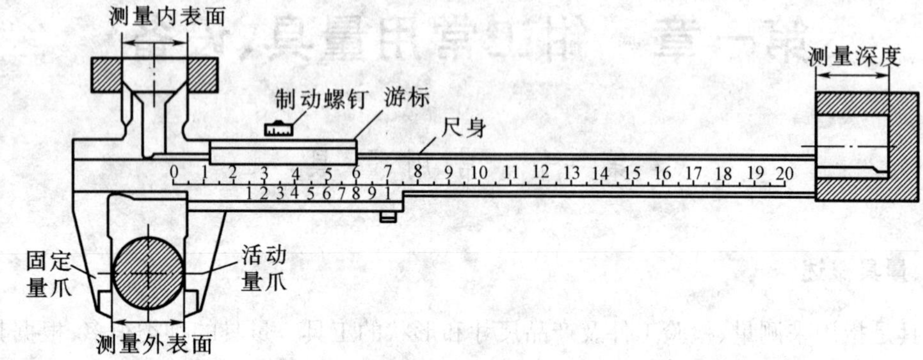

图 1－1　游标卡尺

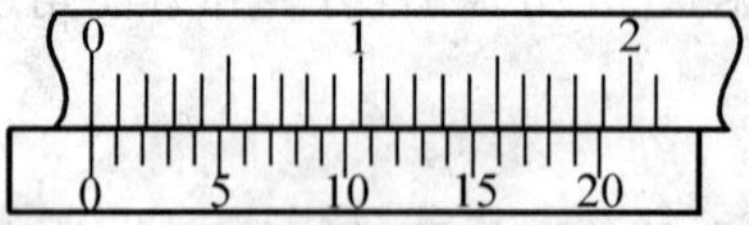

图 1－2　0.05 mm 游标卡尺的刻线原理

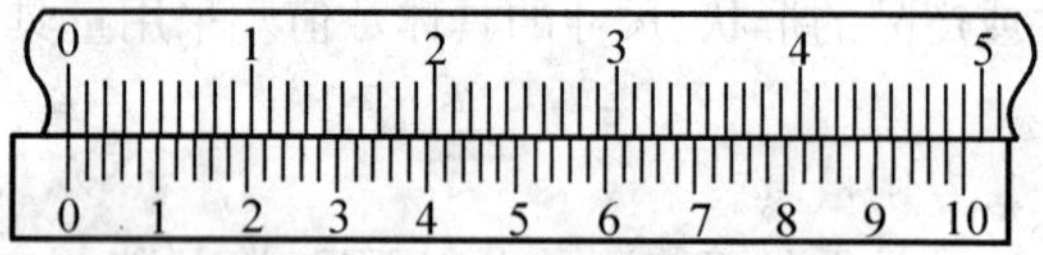

图 1－3　0.02 mm 游标卡尺的刻线原理

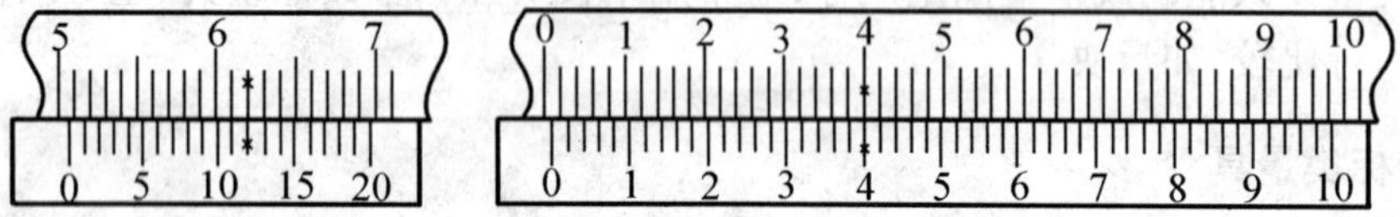

图 1－4　游标卡尺读数方法

(4)注意事项

①测量前应将游标卡尺擦干净,检查量爪贴合后主尺与副尺的零刻线是否对齐。

②测量时,所用的推力应使两量爪紧贴接触工件表面,用力不宜过大。

③测量时,不要使游标卡尺歪斜。

④在游标上读数时,要正视游标卡尺,避免视线误差的产生。

2. 万能游标角度尺

万能游标角度尺是用来测量工件内外角度的量具,按游标的测量精度分为 2′和 5′两种,测量范围为 0°～320°。

(1)万能游标角度尺的结构　万能游标角度尺主要由尺身、扇形板、基尺、游标、90°角尺和卡块等组成,如图 1－5 所示。

(2)万能游标角度尺的刻线原理　角度尺尺身刻线每格为 1°,游标共有 30 个格,等分 29°,每格为 29°/30＝58′,尺身 1 格和游标 1 格之差为 1°－58′＝2′,因此它的测量精度为 2′。

(3)万能游标角度尺的读数方法　万能游标角度尺的读数方法与游标卡尺的方法相似。先从尺身上读出游标零刻线前的整度数,再从游标上读出角度数,两者相加就是被测工件的角度数值。

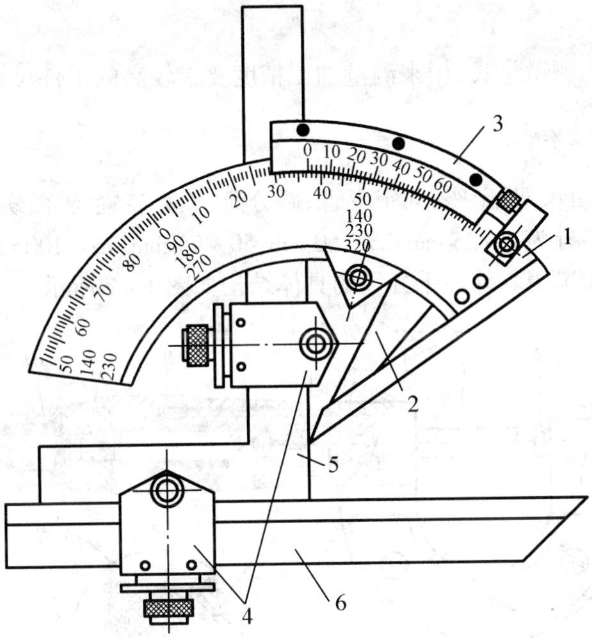

图 1-5 万能游标角度尺

1—尺身;2—基尺;3—游标;4—卡块;5—90°角尺;6—直尺

(4)万能游标角度尺的测量范围 在万能游标角度尺的结构中由于直尺和 90°角尺可以移动和拆换,因此万能游标角度尺可以测量 0°~320°的任何角度,如图 1-6 所示。

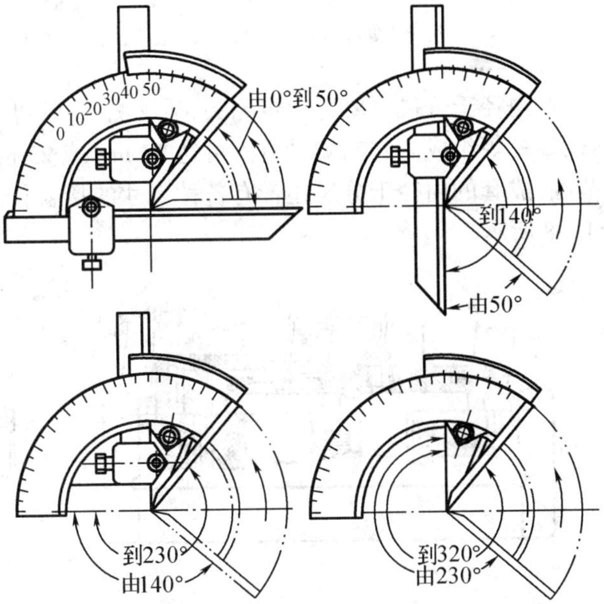

图 1-6 万能游标角度尺测量范围

(5)注意事项

①使用前,检查角度尺的零位是否对齐。

②测量时,应使角度尺的两个测量面与被测件表面在全长上保持良好的接触,然后拧紧制动器上螺母进行读数。

③测量角度在 0°~50°范围内,应装上角尺和直尺。

④测量角度在 50°~140°范围内,应装上直尺。

⑤测量角度在 140°~230°范围内,应装上角尺。

⑥测量角度在 230°~320°范围内,不装角尺和直尺。

三、千分尺

它是一种精密的测微量具，用来测量加工精度要求较高的工件尺寸，主要有外径千分尺和内径千分尺两种。

1.千分尺的结构

(1)千分尺主要由尺架、砧座、固定套管、微分筒、锁紧装置、测微螺杆、测力装置等组成。它的规格按测量范围分为0~25 mm，25~50 mm，50~75 mm，75~100 mm，100~125 mm，使用时按被测工件的尺寸选用。外径千分尺的具体结构如图1-7所示。

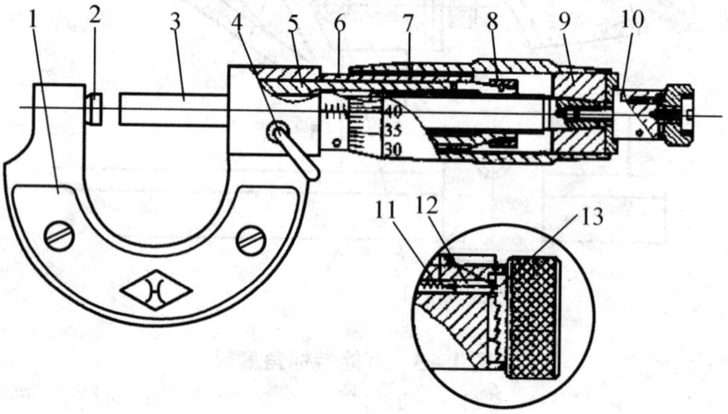

图1-7 外径千分尺

1—尺架；2—砧座；3—测微螺杆；4—锁紧手柄；5—螺纹套；6—固定套管；7—微分筒；8—螺母；9—接头；10—测力装置；11—弹簧；12—棘轮爪；13—棘轮

(2)内径千分尺主要由固定测头、活动测头、螺母、固定套管、微分筒、调整量具、管接头、套管、量杆等组成。它的测量范围可达13 mm或25 mm，最大也不大于50 mm。为了扩大测量范围，成套的内径千分尺还带有各种尺寸的接长杆。内径千分尺及接长杆的具体结构如图1-8所示。

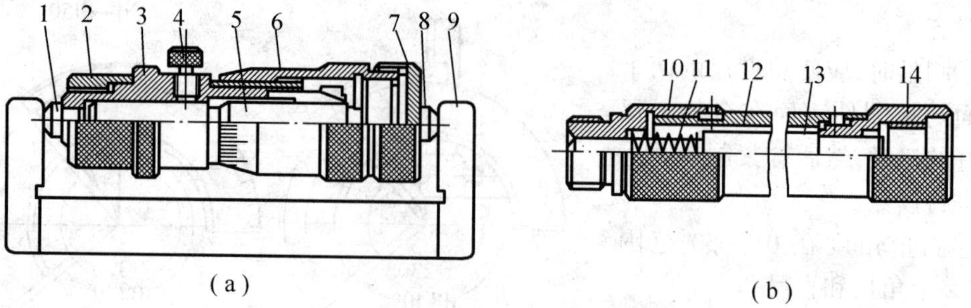

图1-8 内径千分尺

1—固定测头；2—螺母；3—固定套管；4—锁紧装置；5—测微螺母；6—微分筒；7—螺母；8—调整量具；10、14—管接头；11—弹簧；12—套管；13—量杆

2.千分尺的刻线原理

千分尺测微螺杆上的螺距为0.5 mm，微分筒转一圈，测微螺杆就沿轴向移动0.5 mm。

固定套管上刻有间隔为0.5 mm的刻线，微分筒圆锥面上共刻有50个格，微分筒每转一格，螺杆就移动0.5 mm/50＝0.01 mm，因此该千分尺的精度值为0.01 mm。

3.千分尺的读数方法

首先读出微分筒边缘在固定套管主尺的毫米数和半毫米数，然后看微分筒上哪一格与固定套管上基准线对齐，并读出相应的不足半毫米数，最后把两个读数相加，得到的就是测得的实际尺寸。千分尺的读数方法如图1－9所示。

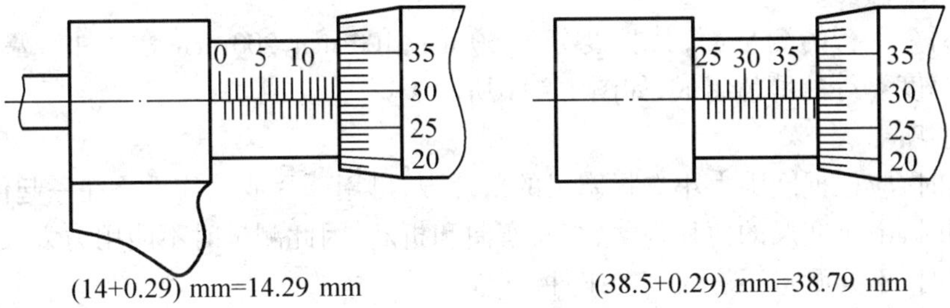

图1－9　千分尺读数方法

4.注意事项

(1)测量前，转动千分尺的测力装置，使两侧砧面贴合。

(2)测量时，在转动测力装置时，不要用大力转动微分筒。

(3)测量时，砧面要与被测工件表面贴合，并且测微螺杆的轴线应与工件表面垂直。

(4)读数时，最好不要取下千分尺进行读数，如确需取下，应首先锁紧测微螺杆，然后轻轻取下千分尺，防止尺寸变动。

(5)读数时，不要错读0.5 mm。

四、百分表

百分表是一种指示式测量仪，用来检验机床精度和测量工件的尺寸、形状和位置误差。它的测量精度为0.01 mm。

1.百分表的结构

百分表一般由触头、测量杆、齿轮、指针、表盘等组成，如图1－10所示。

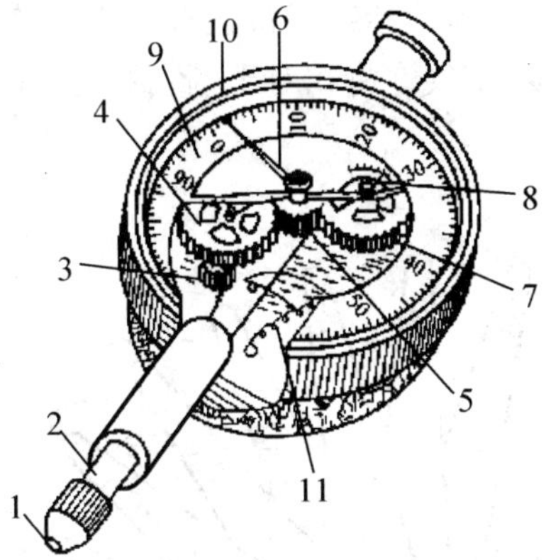

图1－10　百 分 表

1—触头；2—测量杆；3—小齿轮；4、7—大齿轮；5—中间小齿轮；6—长指针；8—短指针；9—表盘；10—表圈；11—拉簧

2.百分表的刻线原理

测量杆上升1 mm，百分表的长针正好转动一周。由于在百分表的表盘上共刻有100个等分格，所以长针每转一格，测量杆移动0.01 mm。

3.百分表的读数方法

测量时长指针转过的格数即为测量尺寸。

4.注意事项

(1)测量前，检查表盘和指针有无松动现象。

(2)测量前，检查长指针是否对准零位，如果未对准要及时调整。

(3)测量时,测量杆应垂直工件表面。如果测量柱体,测量时测量杆应对准柱体轴心线。

(4)测量时,测量杆应有 0.3~1 mm 的压缩量,保持一定的初始测力,以免由于存在负偏差而测不出值来。

五、塞尺

塞尺是用来检验两个结合面之间间隙大小的片状量规。

1.塞尺的结构

塞尺有两个平行的测量面,其长度分为 50 mm,100 mm,200 mm 等多种。塞尺一般由 0.01~1 mm厚度不等的薄片组成,如图 1-11 所示。

2.注意事项

(1)使用时,应根据间隙大小选择塞尺的薄片数,可用一片或数片重叠在一起使用。

(2)使用时,由于塞尺的薄片很薄,容易弯曲和折断,因此测量时不能用力太大。

(3)使用时,不要测量温度较高的工件。

(4)塞尺使用完后要擦拭干净,并及时放到夹板中去。

六、水平仪

水平仪是一种测量小角度的精密量具,用来测量平面对水平面或竖直面的位置偏差,是机械设备安装、调试和精度检验的常用量具之一。

1.方框式水平仪的结构

方框式水平仪由正方形框架、主水准器和调整水准器(也称横水准器)组成,如图 1-12 所示。其中水准器是一个封闭的玻璃管,管内装有酒精或乙醚,并留有一定长度的气泡。玻璃管内表面制成一定曲率半径的圆弧面,外表面刻有与曲率半径相对应的刻线。因为水准器内的液面始终保持在水平位置,气泡总是停留在玻璃管内最高处,所以当水平仪倾斜一个角度时,气泡将相对于刻线移动一段距离。

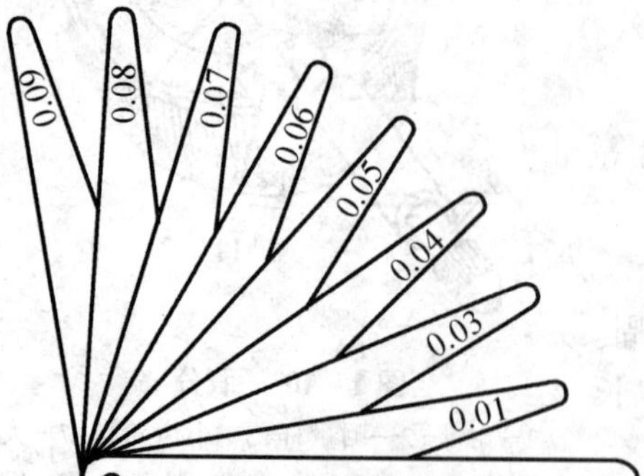

图 1-11 塞 尺

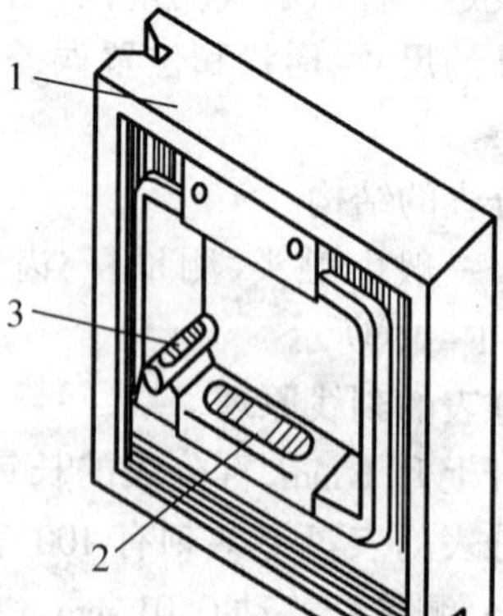

图 1-12 方框水平仪

1—正方形框架;2—主水准器;3—调整水准器

2.方框式水平仪的精度与刻线原理

方框式水平仪的精度是以气泡偏移一格时,被测平面在 1m 长度内的高度差来表示的。

如水平仪偏移一格，平面在 1 m 长度内的高度差为 0.02 mm，则水平仪的精度就是 0.02/1 000。

水平仪的公差等级如表 1－1 所示。

表 1－1　水平仪的公差等级

公差等级	Ⅰ	Ⅱ	Ⅲ	Ⅳ
气泡移动一格时的倾斜角度/(°)	4～11	12～20	25～41	52～62
气泡移动一格 2 m 内倾斜高度差/mm	0.02～0.05	0.05～0.10	0.12～0.20	0.25～0.30

水平仪的刻线原理如图 1－13 所示。假定平板处于水平位置，在平板上放置一根长 1 m 的平行平尺，平尺上水平仪的读数为零，即处于水平状态。如果将平尺一端垫高 0.02 mm，相当于平尺与平板成 4″的夹角。若气泡移动的距离为一格，则水平的精度是 0.02/1 000，读千分之零点二。

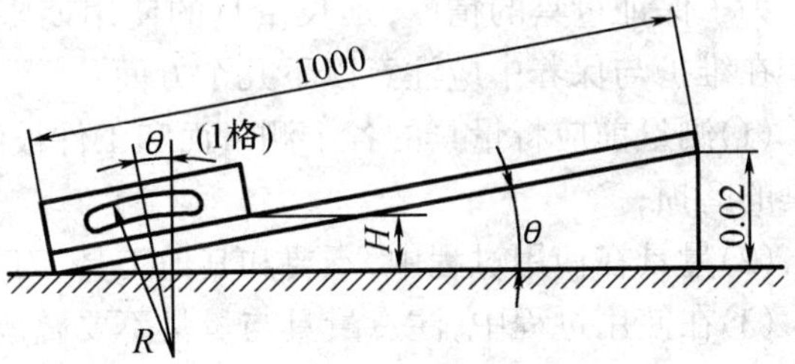

图 1－13　水平仪刻线原理

根据水平仪的刻线原理可以计算出被测平面两端的高度差，其计算式为

$$\Delta h = nli$$

式中　Δh——被测平面两端高度差，mm；

n——水准器气泡偏移格数；

l——被测平面的长度，mm；

i——水平仪的精度。

3．方框式水平仪的读数方法

(1)直接读数法　水准器气泡在中间位置时读作零。以零刻线为基准，气泡向任意一端偏离零刻线的格数，就是实际偏差的格数。一般在测量中，都是由左向右进行测量，把气泡向右移动作为"＋"，反之则为"－"。如图 1－14 所示为＋2 格偏差。

(2)间接读数法　当水准器的气泡静止时，读出气泡两端各自偏离零刻线的格数，然后将两格数相加除以 2，所得的平均值即为读数。如图 1－15 所示，{[(＋4)＋(＋3)]/2＝3.5}，3.5 格偏差。

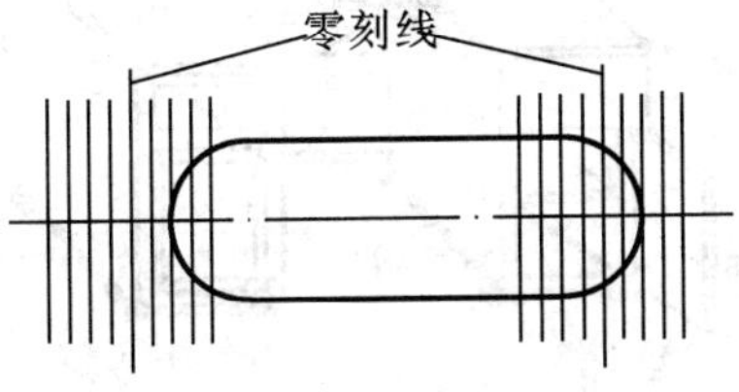

图 1－14　直接读数法

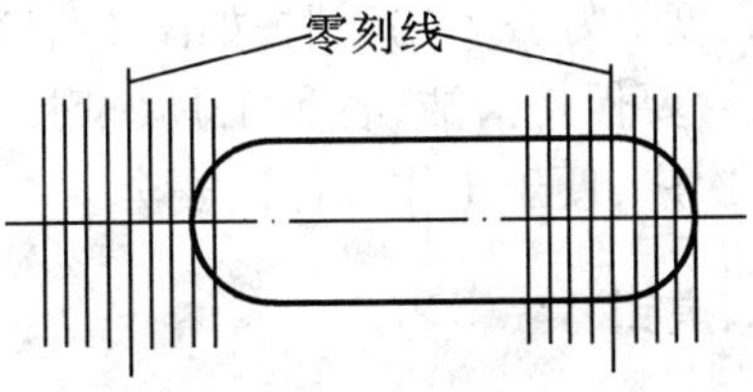

图 1－15　间接读数法

4．注意事项

(1)零值的调整方法　将水平仪的工作底面与检验平板或被测表面接触，读取第一次读

数，然后在原地旋转水平仪180°，读取第二次读数；两次读数的代数差的1/2为水平仪零值误差。

(2)普通水平仪的零值正确与否是相对的，只要水平仪的气泡在中间位置，就表明零值正确。

(3)测量时，一定要等气泡稳定不动后再读数。

(4)读数时，由于间接读数法不受温度影响，因此读数时尽量用间接读数法，这样可以使读数值更准确。

七、量具的维护与保养

为了保证量具的精度，延长量具的使用期限，在工作中应对量具进行必要的维护与保养。在维护与保养中应注意以下几个方面：

(1)测量前应将量具的各个测量面和工件被测量表面擦净，以免脏物影响测量精度和对量具的磨损；

(2)量具在使用过程中，不要和其他工具、刀具放在一起，以免碰坏；

(3)在使用过程中，注意量具与量具不要叠放在一起，以免相互损伤；

(4)机床开动时，不要用量具测量工件，否则会加快量具磨损，而且容易发生事故；

(5)温度对量具精度影响很大，因此，量具不应放在热源(电炉、暖气片等)附近，免受热变形；

(6)量具用完后，应及时擦净、上油，放在专用盒中，保存在干燥处，以免生锈；

(7)精密量具应实行定期鉴定和保养，发现精密量具有不正常现象时，应及时送交计量室检修。

第二节　钳工常用设备

一、工作台(钳台)

它是钳工操作的专用案子。图1-16所示为一人用的工作台，用硬质木材制成。另外，也有多人用的工作台。台面离地面的高度为800~900 mm，台面厚约60 mm。虎钳装置在台面上，其高度恰好齐人的手肘，如图1-17所示。

钳台要保持清洁，各种工具、量具和工件的放置要有次序，便于工作和保证安全。

图1-16　钳工工作台

二、虎钳

虎钳是一种装在工作台上供夹持工件用的夹具。钳工常用台虎钳分固定式和回转式两种，如图1-18所示。台虎钳规格以钳口的长度来表示，有100 mm，125 mm和150 mm等。

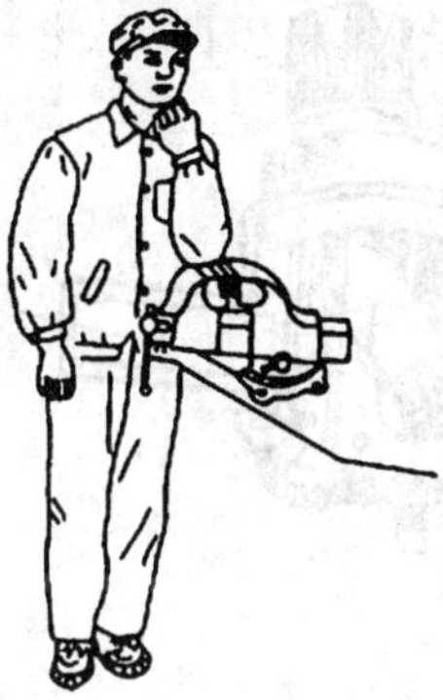

图 1-17　虎钳高度确定法

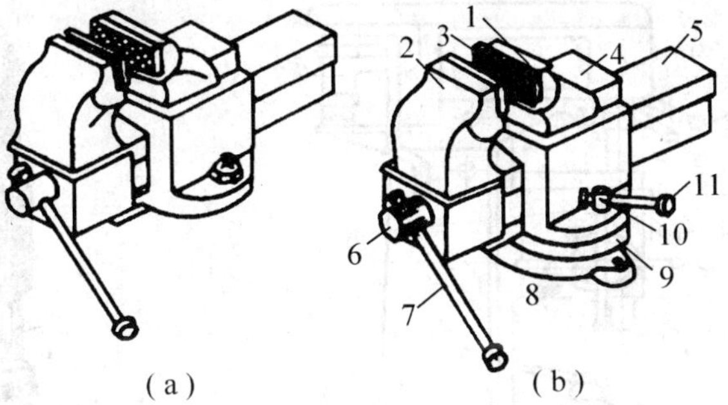

图 1-18　台虎钳构造

(a)固定式台虎钳;(b)回转式台虎钳

三、钻床

钻孔、扩孔、锪孔、铰孔和攻丝等操作是钳工最常用的加工方法。这些工作一般要在各种钻床上完成。常用的钻床有台钻、立钻、摇臂钻以及手电钻等。

1.台钻

台钻是一种小型钻床,结构简单,操作方便,是钳工装配和修理工作中常用的设备。它大都安装在钳台上,用于小型零件上钻、扩 12 mm以内的孔。有的台钻最大钻孔直径为 20 mm,其结构如图 1-19 所示。

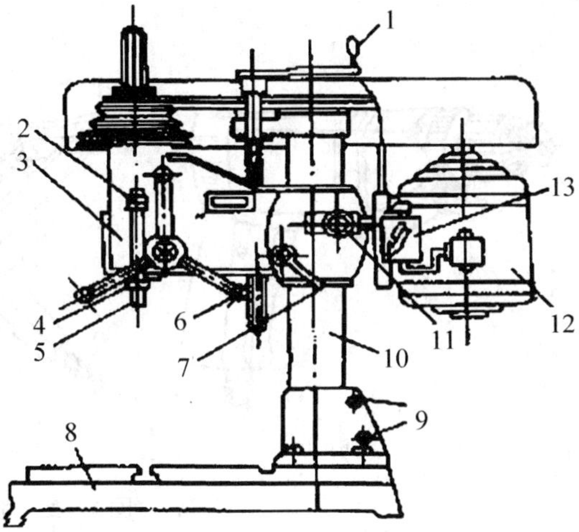

图 1-19　台　钻

1—摇把;2—定位杆;3—机头;4—锁母;5—主轴;6—进给手柄;7—手柄;8—底座;9—螺栓;10—主柱;11—螺钉;12—电动机;13—开关

2.立式钻床

立式钻床最大钻孔直径有 25 mm,35 mm,40 mm,50 mm 几种,用于钻削中型工件。它有自动进刀机构,可采用较大的切削量,生产效率高,并能得到较高的加工精度。立钻主轴转速和进刀量有较大的变动范围,适用于不同材质的刀具,能够进行钻孔、锪孔、铰孔和攻丝等加工。图 1-20 所示为 Z525 型立钻。

3.摇臂钻床

摇臂钻床用于大、中型工件的孔系加工,可以对位于同一平面上有相互位置要求的多孔进行加工,如钻孔、扩孔、锪孔、铰孔、镗孔、刮端面及攻丝等,其结构如图 1-21 所示。

4.手电钻

手电钻是一种用于小孔钻孔的电动工具。手电钻的内部结构,主要由电动机和两级减速齿轮组成,如图 1-22 所示。

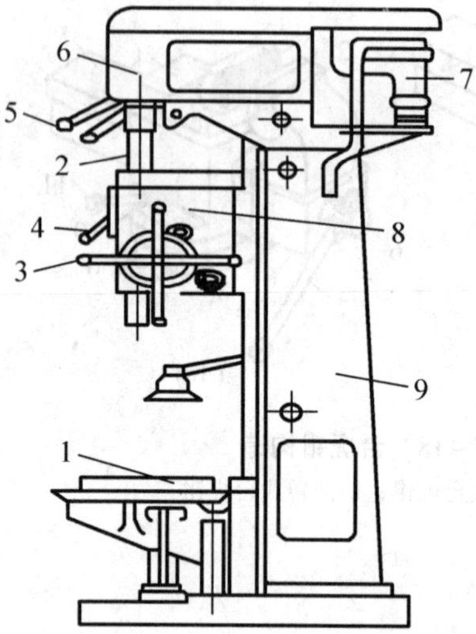

图 1－20　Z525 型立钻

1—工作台；2—主轴；3—进给手柄及自动进刀；4—开关；5—变速手柄；6—变速箱；7—电动机；8—进给箱；9—立柱

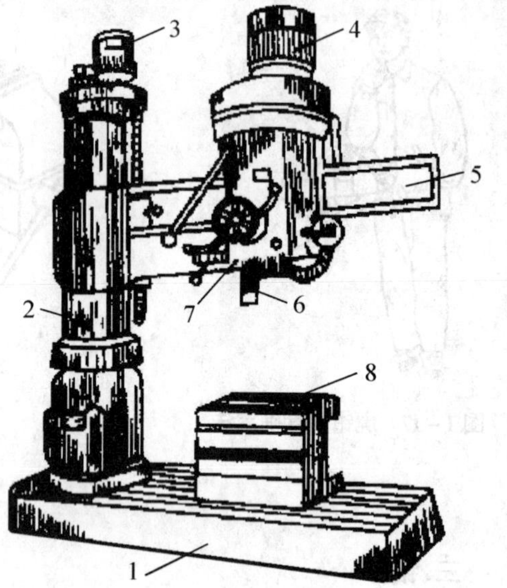

图 1－21　摇臂钻

1—底座；2—立柱；3、4—电动机；5—摇臂；6—主轴；7—主轴箱；8—工作台

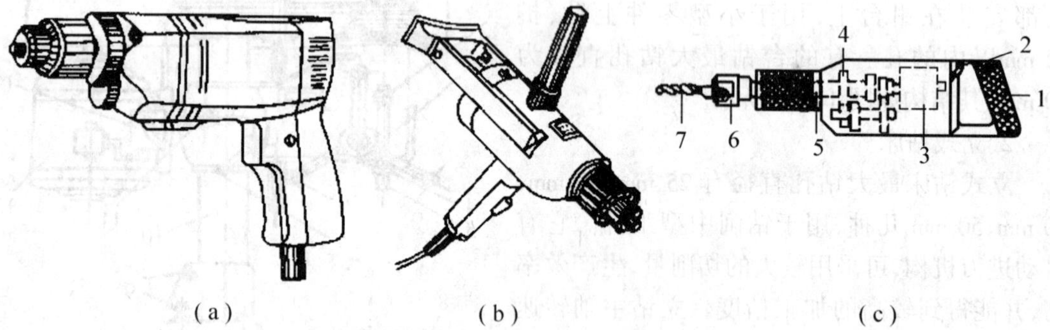

图 1－22　各种形式手电钻

(a)手枪式；(b)手提式；(c)内部结构(手提式)

1—手柄；2—开关；3—电动机；4—齿轮；5—钻轴；6—钻头夹；7—钻头

四、砂轮机

1. 砂轮机的种类及结构

砂轮机的种类很多，如台式砂轮机、落地式砂轮机、手提式砂轮机等。工厂常用前两种。它是刃磨钻头、錾子、刮刀及各种刀具的专用设备。砂轮机的结构和传动系统比较简单，由一电动机带动砂轮转动，如图 1－23 所示。

2. 手提砂轮机的使用

手提式砂轮机比较灵活，携带方便，多用于对大型笨重的机体、机座等零件表面去刺、修磨及清理等工作。

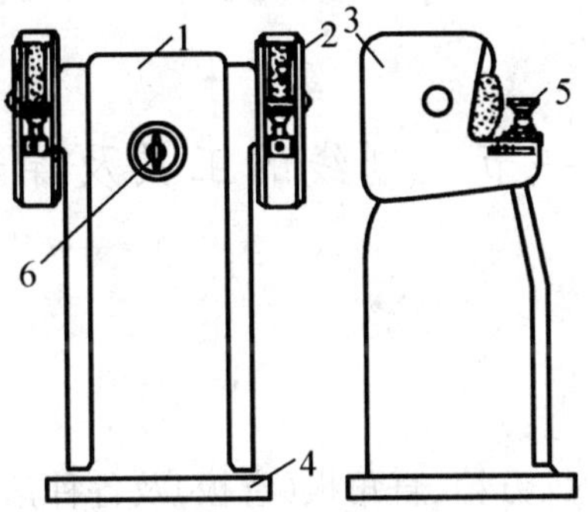

图 1-23　砂 轮 机

1—机身；2—砂轮片；3—保护罩；4—机座；5—工作台；6—开关

第二章 划 线

第一节 划线的工具及涂料

一、划线工具的种类

1.基准工具

包括划线平板(平台)、直尺、方箱、直角板(弯板)及各种角尺等。

2.量具

用来测量工件尺寸或角度的工具。尺寸量具有钢板尺、游标卡尺等;角度量具有万能角尺、直角尺等。

3.绘划工具

用来在工件上划线的工具,包括划针、划针盘、划线游标高度尺、划规、划卡及手锤、样冲等。

4.夹持工具

用来夹持划线工件的工具,包括垫铁、V形铁、C形夹头、千斤顶、夹钳及装有夹具的方箱等。

二、划线工具的图示及用途

划线工具的名称、图示、用途及注意事项见表2-1。

表2-1 划线工具

名称	图示	用途及使用注意事项
划线平板(平台)	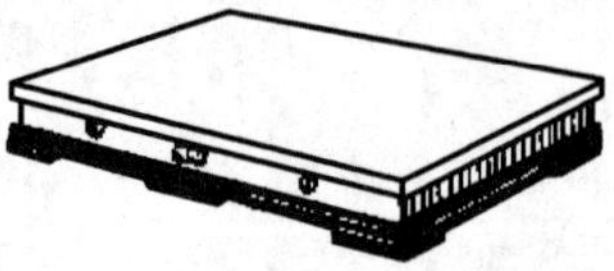	用铸铁制成,表面经过精刨或刮削加工,是划线时依靠的基准平面。要保持平面的精度,严禁撞击,要经常保持清洁,防止锈蚀。中小型平板一般放置在木制的支承架上,高度约600~900 mm。大型平板由若干块拼成,一般用千斤顶支承,高度宜低些。平板放置时要调至水平
圆规(划规)	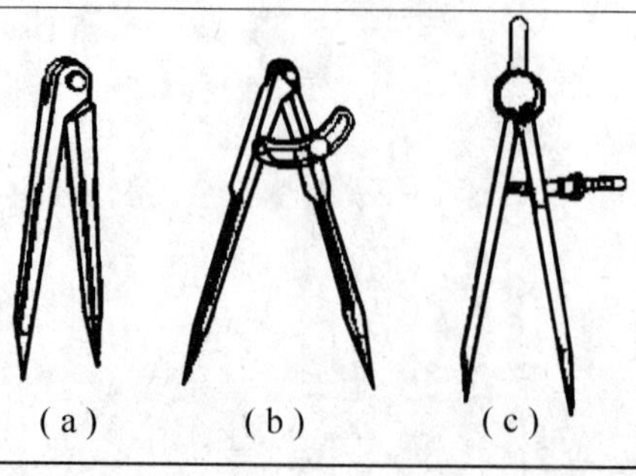 (a) (b) (c)	由工具钢制成,尖部经淬火硬化。通常焊上一段高速钢,以提高其硬度和保持锋利。图(a)型划规,虽调整不方便,但刚性好,所以应用较普遍。划规主要用来划圆、弧、截取尺寸、等分角度或线段

表 2-1(续一)

名称	图示	用途及使用注意事项
高度标尺	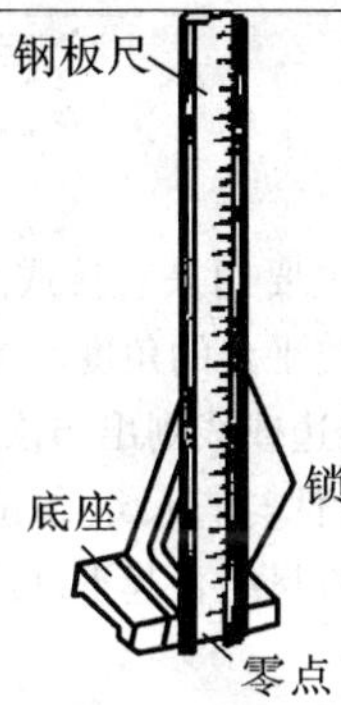	由尺架和钢板尺组成,将钢板尺用螺钉紧固在中间滑块上,通过调整螺母,可以改变钢板尺的上下位置。使用时,先用划针盘找准零件的基准线,再使钢板尺某一整数调到划针尖的高度,以便于随后划线的计算
微调划针盘	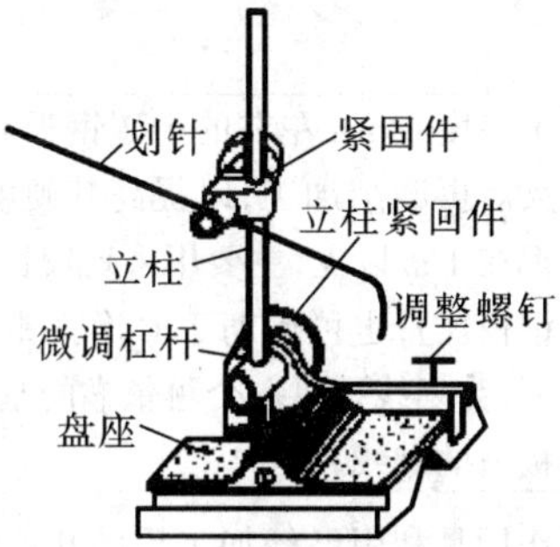	这种划针盘调整方便、灵活,但由于结构松弛、刚性不好,用来划线时容易发生抖动和走样,所以一般不宜用它直接划线,仅在划线工作中找正用
普通划针盘	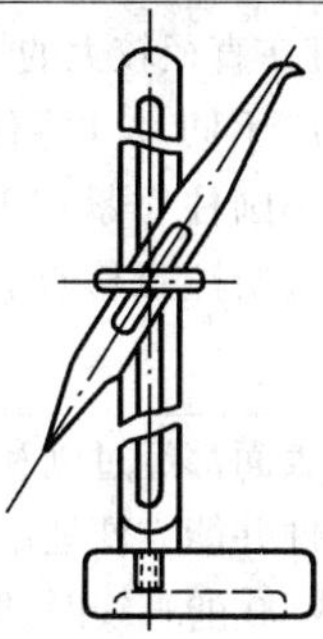	这种划针盘虽然调整不太方便,但刚性好,划出的线条深刻、清晰。尤其在毛坯划线时,优点显著,被广泛采用。使用时,将划针移到适当高度,紧固蝶形螺母,并用小锤将蝶形螺母打牢,再将划针移到标尺处,用小锤精调高度。划针一端焊有高速钢尖,一端弯成钩状,便于找正用
游标高度尺	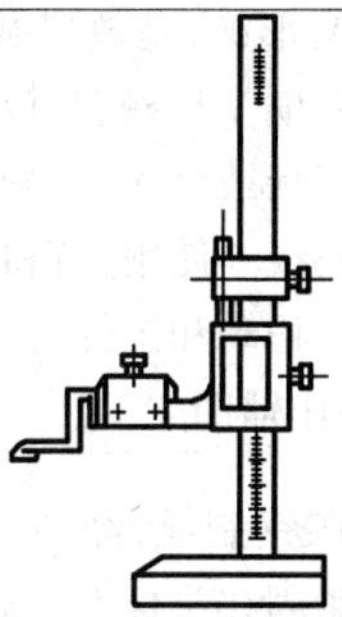	这是一种较精密的划线工具和量具。两卡脚闭合后,划刀恰好与底面平,刻度指示为零。读数原理与卡尺相同。因高度尺兼有测量的功能,用来划线十分方便。要注意保护划刀刃,不可用它在粗糙的表面上划线,通常只用它划出短痕,然后再用普通划线盘对准短痕,将线条引长
直角尺(角尺、弯尺)	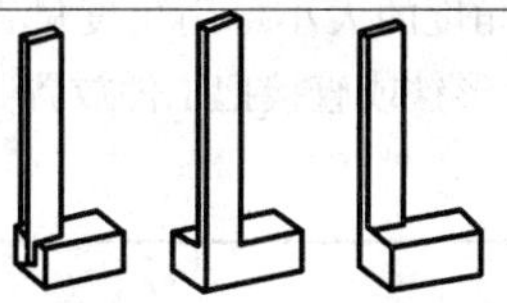	在平面划线中,角尺的作用主要是按工件某一基准边或线,划出与它相垂直的线;在立体划线中,主要用来校正工件某一基准面、边和线与平台的垂直度。使用前对于弯尺的精度应进行检查

表 2-1(续二)

名称	图示	用途及使用注意事项
多用角度尺(量角器)	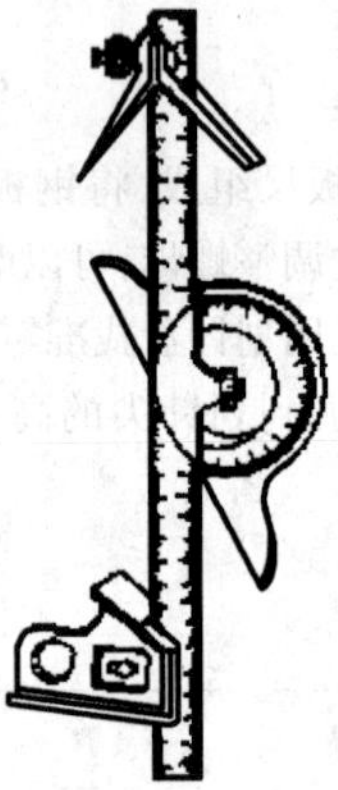	在立体划线中,主要用来直接或间接校正工件某一基准面、边和线与平台的角度。在平面划线中,主要用它按某一基准边或线划出与该边或线成一定角度的直线。上端附件与直尺组合起来,可划轴端中心线;下端附件和直尺组合起来,可作弯尺用
板尺(直尺)	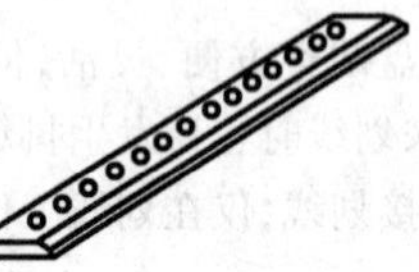	一般由厚度 6 mm 左右的中碳钢板制成。棱边用火焰淬火后再磨削加工,以提高其硬度和精度。长度一般都在 1 m 以上,主要用来划较长的直线(短线段可用钢板尺);也可借助于 C 形夹钳,把直尺固定在工件上,为划线提供一个可依靠的基准边(一般用于大型板材的划线)
定心器(直径尺)	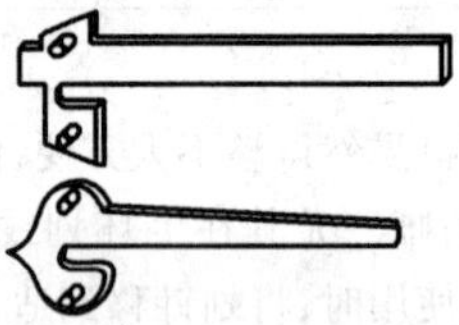	它的作用是利用已经加工后的孔或外径,划出该处的中心线。宜在直径较大的情况下使用。可做成多种规格,以适应不同尺寸零件的划线需要。使用时,注意将两个小圆柱靠紧在工件的孔或外径的圆上。经常使用时,要注意检查和修复直径尺的定心精度
方箱(方正器)	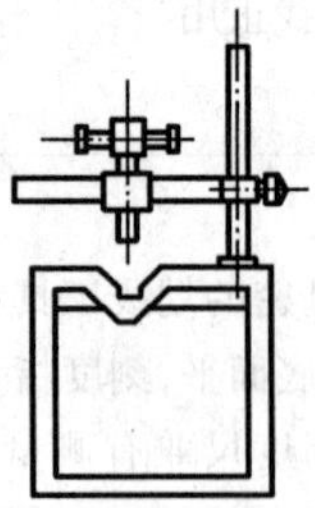	由铸铁制成,表面都经过刨和刮削加工,并互成直角,用于夹持工件并能方便地翻转。所以,在划工件上三个方向互成 90°的直线时,既迅速又准确。方箱上有两条纵横 V 形槽,是放置圆柱形工件用的。方箱下面垫角度纵横 V 形槽,是放置圆柱形工件用的。方箱下面垫角度板或将 V 形铁夹持在方箱上,还可以在工件上划斜线。使用方箱时,要注意清洁,防止工件翻转过程中松动和工件在水平位置时重心不稳(可用小千斤顶作辅助支承)
可调式角度垫板	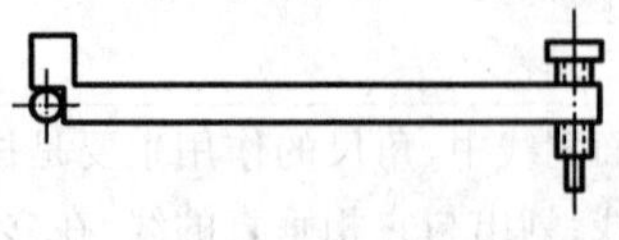	一般可用中碳钢制成,经刨、淬火、磨削加工。圆柱需用小螺钉紧固在垫板上。通过调整螺钉改变垫板角度。角度的大小可用角度尺直接或间接测出。将方箱、V 形铁或直接把工件放置其上,划出所需角线

表 2－1(续三)

名称	图　　示	用途及使用注意事项
直角箱(垫箱)	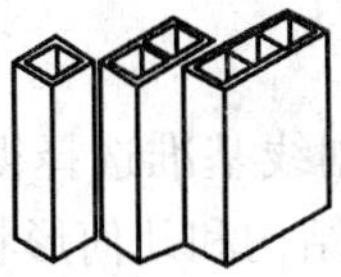	通常用铸铁经刨和刮研而成。它的相邻两个面互成直角。它的主要用途是:划大型笨重的工件时,不用翻转工件,先将直角箱位置调好,再将划针盘底面靠在直角箱的垂面上,即可划出工件上的垂线;还可用来加高划针盘或高度尺;也可借助于C形夹钳,将工件夹紧在直角箱上,进行划线。使用时应注意清洁,保持其精度
直角板(弯板)	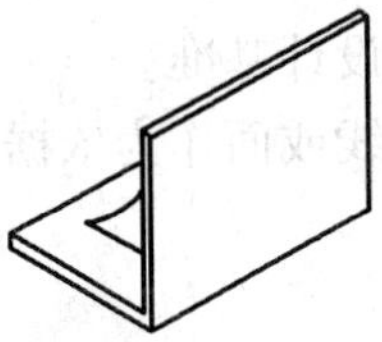	通常用铸铁制成,两面经刨和刮研,互成直角。一般还可在直角板上铸出通孔,以便通过螺栓。它的主要用途和直角箱相似,用来划大型笨重工件的垂线,或借助于C形夹钳和压板螺栓把工件夹紧在平面上划线
V形铁	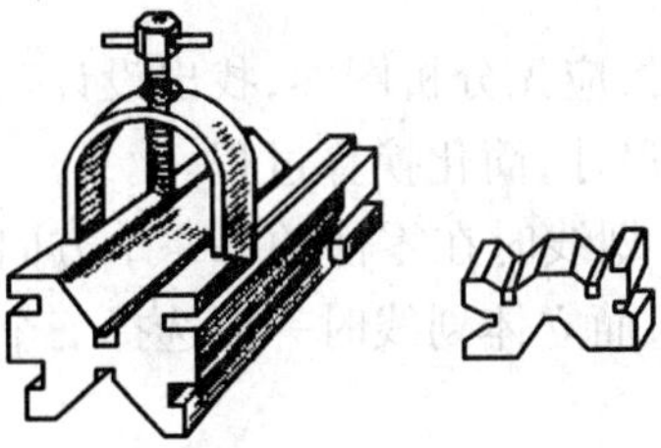	小型V形铁,一般由中碳钢经刨、淬火、磨削而成。较大的用铸铁经刨、磨削或刮削而成。两个为一组,形状和大小相同,以便放置轴类零件划线。带U形夹的V形铁,可翻转三个方向,在工件上划出相互垂直的线。起相似于V形铁作用的还有滚轮支承器,用来支承大工件划线

三、涂料

为使划线清晰,工件上划线部分应涂色。常划线涂料见表2－2。

表 2－2　常用划线涂料

工件状态	涂　料	涂料的成分和配制方法	特　　点
铸件、锻件毛坯	石灰水	(1)石灰、牛皮胶加水混合 (2)石灰、食盐加水混合	具有良好的附着力
光滑坯面	蓝　油	龙胆紫加虫胶和酒精	干得快
	绿　油	孔雀绿加虫胶和酒精	
	红　油	品红加虫胶、酒精的溶液	
	硫酸铜溶液	水中加少量的硫酸铜及微量的硫酸溶液	能很快形成一层铜膜,划出的线清晰
	紫　色	青莲或普鲁士蓝加漆片、酒精	附着力强,干得快,线条清晰,并能用酒精擦掉

第二节 划线基准的选择

一、基准的概念

合理地选择划线基准是做好划线工作的关键。只有划线基准选择得好,才能提高划线的质量和效率,以及相应地提高毛坯合格率。尽管工件的结构和几何形状各不相同,但是任何工件的几何形状都是由点、线、面构成的,因此不同工件的划线基准虽有差异,但都离不开点、线、面的范围。

在零件图上用来确定其他点、线、面位置的基准,称为设计基准。

所谓划线基准,就是在划线时,选择工件上的某个点、线或面作为依据,用它来确定工件的各部分尺寸、几何形状和相对位置。

二、划线基准的选择

划线是从划线基准开始的。在选择划线基准时,应先分析图样,找出设计基准。让划线基准与设计基准尽量一致,这样能够直接量取划线尺寸,简化换算过程。

划线基准的选择一般有三种类型,见表 2-3。划线时在零件的每一个方向都需要选择一个基准,因此平面划线时一般选择两个划线基准,而立体划线时一般选择三个划线基准。

表 2-3 划线基准的种类

划线基准种类	图 示	划 线 方 法
以两个互相垂直的边(或平面)作为基准	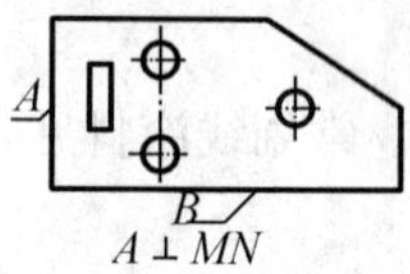	划线前先把工件加工成两个互相垂直的边或平面,划线时每一方向的尺寸都以它们的边或面作基准,划其余各线
以一个边(或面)和一条中心线作基准	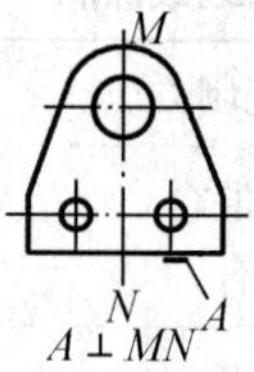	划线前先划出中心线,将之与工件已加工的边(或面)作为基准,然后根据基准划其余各线
以两条互相垂直的中心线作为基准	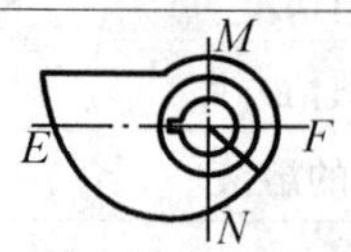	划线前先划出工件上两条互相垂直的中心线,将它们作为基准,然后再根据基准划其余各线

三、划线时的找正和借料

在很多情况下,立体划线是对铸、锻毛坯划线。各种铸、锻毛坯件,可能有形状歪斜、偏心、各部壁厚不均匀等缺陷。当形位偏差不大时,可以通过划线找正和借料的方法补救。

1. 找正

找正就是利用划线工具,使工件上有关毛坯的表面处于合适位置的一种划线方法。

(1)毛坯上有不加工表面，找正后再划线，可使加工表面与不加工表面之间保持尺寸均匀。如图 2－1 所示毛坯工件的找正，由于内孔与外圆不同轴，在划内孔加工线之前，应以外圆为找正依据。在划轴承座底面之前，应以上平面（不加工表面 *A*）为依据，划出底面的加工线，这样各处的厚度就比较均匀。

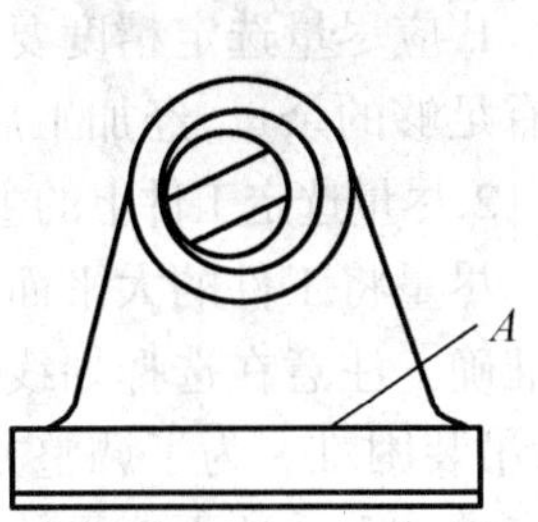

图 2－1　毛坯工件的找正

(2)工件有两个以上的不加工面时，应选其中面积较大、较重要的或外观质量要求高的为主要找正依据，并兼顾其他不加工表面，使划线后的加工表面与不加工表面之间的尺寸，如壁厚、凸台的高低等，都尽量均匀并且符合要求，而把无法弥补的误差反映到较次要的或不甚显眼的部位上去。

(3)毛坯没有不加工表面时，对各加工表面自身位置进行找正后再划线，可使各加工表面的加工余量得到合理、均匀的分布，而不致出现过于悬殊的状况。

2.借料

铸、锻件毛坯在形状、尺寸和位置上的误差缺陷，用找正的划线方法不能补救时，就要用借料的方法来解决。

举例说明借料的具体过程，如图 2－2 所示。齿轮箱体是一个铸造毛坯，由于铸造误差，使 *A*、*B* 两孔的中心距由图样规定的 150 mm 缩小为 144 mm，*A* 孔向右偏移 6 mm。按照一般的划法，因为凸台的外圆坯 25 mm 是不加工的，为了保证两孔加工后其外圆同轴，首先应该以两孔的凸台外圆为找正依据，分别找出它们的中心，并保证两孔中心距为 150 mm，然后划出两孔的圆周尺寸线 ϕ75 mm。但是，由于 *A* 孔偏心过多，如果按上述一般方法所划出的 *A* 孔，它的右边局部地方便没有足够的加工余量了（图 2－2(a)）。

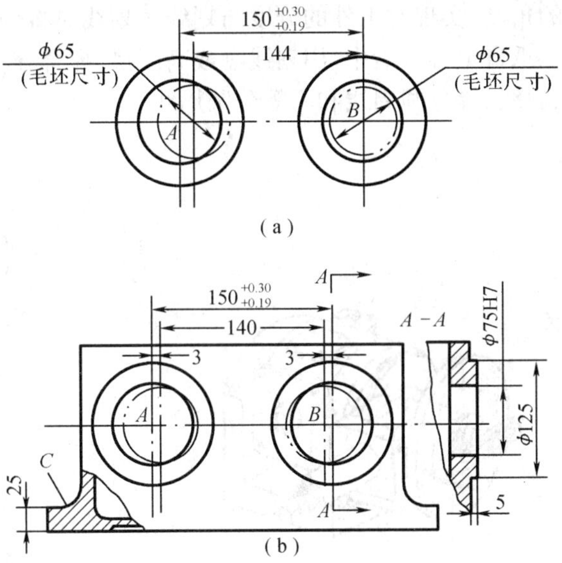

图 2－2　齿轮箱壳体

(a)一般划法；(b)借料划法

如果用借料方法将 *A* 孔中心向左借过 3 mm，*B* 孔中心向右借过 3 mm，这时再划两孔的中心线和内孔圆周加工线，就可使得两孔都能分配到加工余量，从而使毛坯得以利用（图2－2(b)）。由于把 *A* 孔的误差平均反映到 *A*、*B* 两孔的凸台外圆上，所以凸台外圆与内孔会产生偏心，但偏心程度并不显著，符合零件的质量要求。

四、划线位置的选择

立体划线，尤其是较大型工件的划线，合理地选择第一划线位置，对提高划线质量、简化划线过程至关重要。第一划线位置的选定一般有以下原则。

1.应尽量选定精度要求较高或主要加工面的加工线作为第一位置线。其目的是保证它们有足够的余量,经加工后便于达到设计要求。

2.尽量选定工件上的主要中心线为第一划线位置,这样可提高划线质量、简化划线过程。

尽量将工件的大平面放在与划线平板平行的位置,这样在校正工件时,大平面的位置较为准确。注意在选择划线位置时一定要保证安全,合理地选择支承点。尤其是大型工件,笨重、吊装困难。为了调整方便,一般选三点支承,且尽可能分散,若有偏重情况,还要增设辅助支承。千斤顶不能受冲击力,对大型工件划线时,只能先用枕木或垫铁支承,然后再用千斤顶调整。

第三节　划线的步骤

一、分度头等分圆周

分度头是铣床附件,主要用于等分圆周。钳工在划线时经常要用分度头对工件进行等分圆周划线。分度头外形如图 2-3 所示。

分度头的传动原理如图 2-4 所示。分度盘上有几圈不同数目的等分小孔。使用时根据工件等分数的不同,选择合适的等分小孔,将柄 8 转过相应的转数和孔数,使工件转过相应的角度,实现对工件的分度与划线。划线时将分度头放在划线平板上,把工件夹持在主轴的三爪自定心卡盘中,用划线盘或高度尺,配合分度头的分度,可在工件上划出水平线、垂直线、斜线、等分圆周线和不等分圆周线。

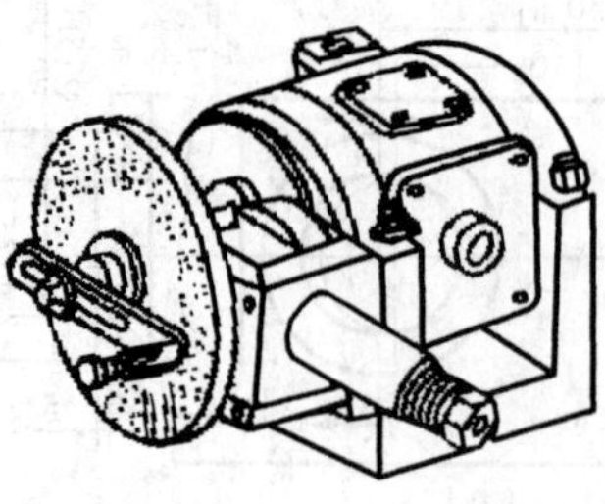

图 2-3　分度头

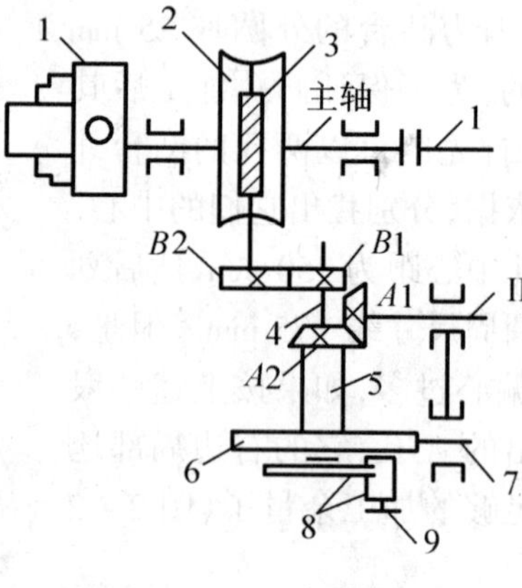

图 2-4　分度头的传动原理

分度头分度的方法是分度盘不动,转动分度头芯轴上的手柄,经过蜗轮蜗杆传动进行分度。由于蜗轮蜗杆的传动比是 1/40,因此工件转过一个等分点时,分度头手柄转过的转数 n 可由下式计算得出

$$n = 40/z$$

式中　n——在工件转过每一等分点时,分度头手柄应转的转数;

z——工件的等分数。

例 2-1　要在工件的圆周上划出 10 个均布孔,求每划完一个孔的位置后,分度头手柄

应转过几圈？

解 根据公式 $n = 40/z$

则 $n = 40/10 = 4$

答 每划完一个孔的位置后，手柄应转过 4 圈再划另外一个孔。

当手柄转数不是整数时（如 1 1/4），应利用分度盘上现有的孔数，将分子、分母同时乘以一个系数，使分母数与分度盘上某一圈的孔数相同，而分子数就是手柄应转过的孔数。如 1 1/4的分子分母同时乘以 6，即 $\frac{5}{4} \times \frac{6}{6} = \frac{30}{24}$，则手柄应在分度盘中有 24 个孔的一圈转过 1 圈零 6 个孔。

二、等分圆周划法

表 2－4

名称	图　　例	划线方法说明
圆周三等分的划法	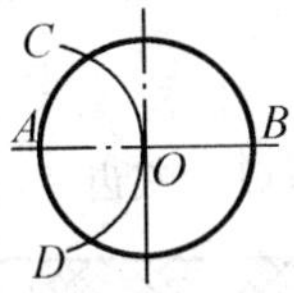	以 A 为圆心，OA 为半径，在圆周上截取 C、D 两点，B、C、D 三点就是圆周的三个等分点
圆周四等分的划法	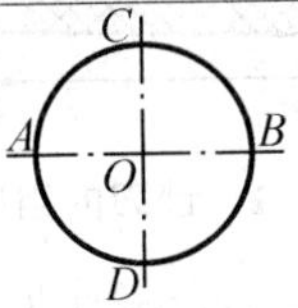	过圆心 O 划互相垂直的两条直线 AB 和 CD，A、B、C、D 四点就是圆周的四个等分点
圆周五等分的划法	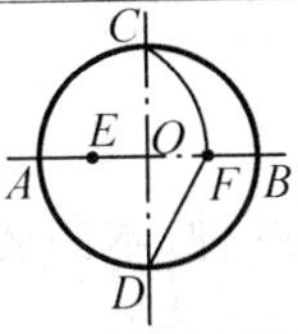	过圆心划两条垂直线 AB 和 CD，再划出 OA 的中点 E，然后以 E 为中心，以 EC 为半径在 OB 上截取一点 F，DF 的长度就是五等分圆周的弦长
圆周六等分的划法	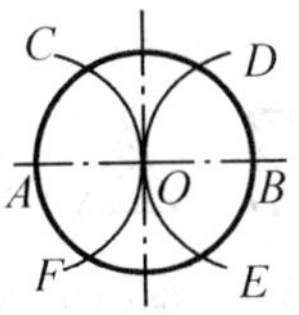	六等分圆周的弦长等于圆的增径，以 A、B 为圆心，以圆 O 的半径为半径在圆周上截取六点 A，B，C，D，E，F，即为圆周的六等分点
半圆的任意等分划法	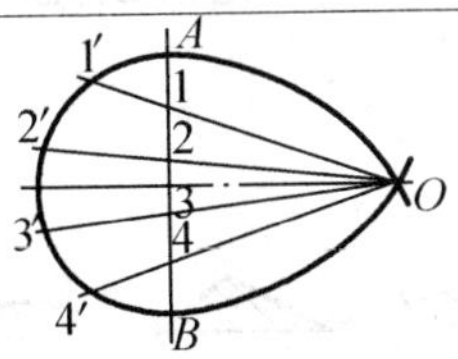	例如分为 N 等分，先把直线 AB（相当于圆的直径）分成 N 等分，分别以 A、B 为圆心，AB 为半径，划弧交于 O 点，将 O 点与 AB 线上各点连线延长交半圆于 1′，2′，3′，…各点，就可将半圆分成 N 等分。可用此方法划任意正多边形
扁圆的划法	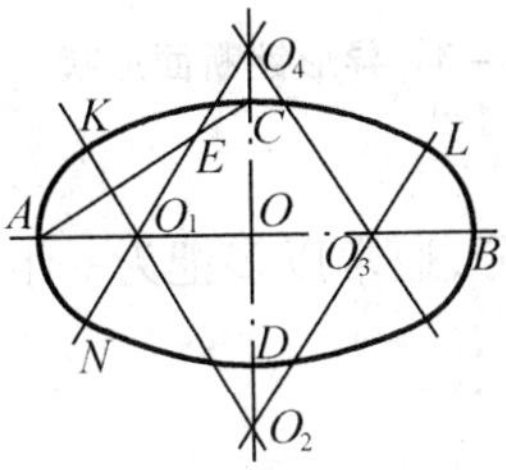	划互相垂直的线 AB（长轴）和 CD（短轴）；连 AC，在 AC 上截取 $CE = OA - OC$；划 AE 的垂直平分线，与长、短轴各交于 O_1 及 O_2；并找出 O_1，O_2 的对称点 O_3 和 O_4；以 O_1、O_2、O_3 和 O_4 为圆心，O_1A（或 O_3B）和 O_2C（或 O_4D）为半径，分别划出四段圆弧，圆弧连接即为扁圆

第三章　锉削、錾削和锯削

第一节　锉　削

用锉刀从工件表面锉掉多余的金属，使工件具有图纸上所要求的尺寸、形状和表面粗糙度，这种操作叫锉削。它可以锉削工件外表面、曲面、内外角、沟槽、孔和各种形状相配合的表面。锉削是钳工工作中主要操作方法之一，因此钳工必须熟练地掌握这项基本功。

一、锉刀组成

锉刀的材料为高碳工具钢 T13 或 T12。锉刀由锉身和锉柄两部分组成，它的各部分名称如图 3－1 所示。

1．锉刀面

锉刀面是锉削的主要工作面。锉刀面的前端做成凸弧形，上下两面都制有锉齿，便于进行锉削。

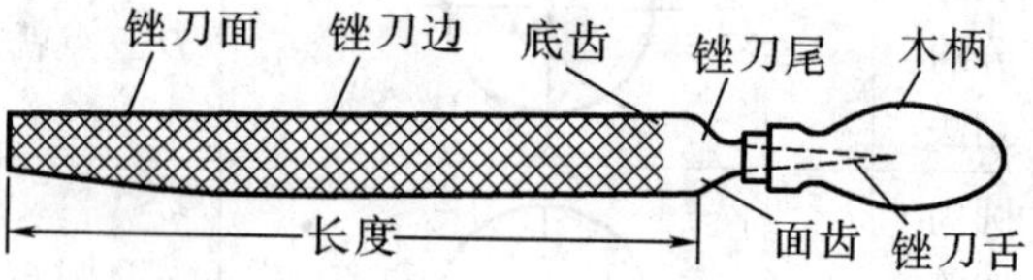

图 3－1　锉刀的组成

2．锉刀边

锉刀边是指锉刀的两个侧面。有的锉刀边没有齿，没有齿的叫光边，它可使锉削内直角的一面时，不会碰伤另一相邻面；有的其中一边有齿。

3．锉刀舌

锉刀舌是用来装锉刀柄（锉柄）的。锉柄分木制和塑料的两种，木制锉柄安装孔的外部应套有铁箍。

二、锉刀种类

1．普通钳工锉

普通钳工锉按其断面形状不同，分为平锉（大、小板锉）、方锉、三角锉、半圆锉和圆锉五种，如图 3－2 所示。

图 3－2　普通钳工锉断面形状

2．异形锉

异形锉是用来锉削特殊工件的表面用的，有刀口锉、菱形锉、扁三角锉、椭圆锉、圆肚锉等，如图 3－3 所示。

图 3－3　异形锉断面形状

3．整形锉

整形锉（又叫什锦锉）主要用于修理工件上的细小部分，通常以多把为一组，因分组配备各种断面形状的小锉而得名，如图 3－4 所示。

三、锉刀的规格及选用

1.锉刀的规格

锉刀的规格分齿纹的粗细规格和尺寸规格，不同的锉刀尺寸规格用不同的参数表示。

方锉的尺寸规格以方形尺寸表示，圆锉的尺寸规格以直径表示，其他锉刀则以锉身长度表示其尺寸规格。钳工常用的锉刀有 100 mm，125 mm，150 mm，200 mm，250 mm，300 mm，350 mm等几种。锉刀齿纹的粗细规格，以锉刀每 10 mm 轴向长度内的主锉纹条数表示，见表 3－1。

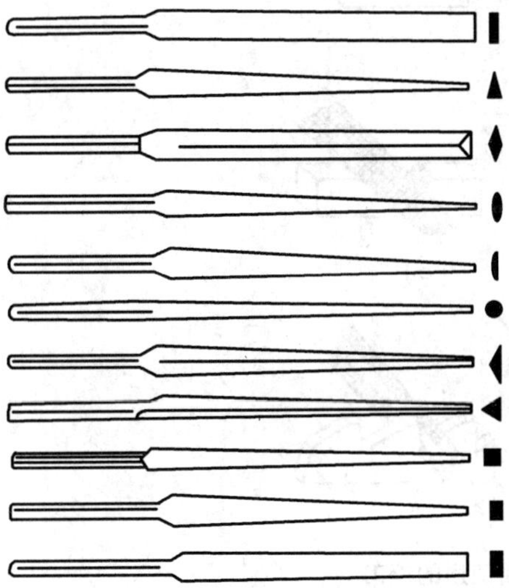

图 3－4　整形锉

表 3－1　锉刀齿纹粗细规格

规格/mm	主要锉纹条数(10 mm 内)				
	锉纹号				
	1	2	3	4	5
100	14	20	28	40	56
125	12	18	25	56	50
150	11	16	22	32	45
200	10	14	20	28	40
250	6	12	17	25	36
300	8	11	16	22	32
350	7	10	14	20	—

主锉纹指锉刀上两个方向排列的深浅不同的齿纹中，起主要锉削作用的齿纹：起分屑作用的另一个方向的齿纹称为辅齿纹。

表 3－1 中，1 号锉纹为粗齿锉刀，2 号锉纹为中齿锉刀，3 号锉纹为细齿锉刀，4 号锉纹为双细齿锉刀，5 号锉纹为油光锉。

2.锉刀的选用

每种锉刀都有各自的用途，在选用锉刀时，应该根据被锉削工件表面的形状和大小选择锉刀的断面形状和长度。

(1)锉刀形状的选择　锉刀形状应适应工件加工表面的形状，如图 3－5 所示。

(2)锉刀的粗细规格选择　锉刀的粗细规格，应根据工件材料的材质、加工余量的大小、加工精度和表面粗糙度要求的高低进行选择。例如，油光锉用于最后修光工件表面，而细齿锉刀则用于锉削钢、铸铁以及加工余量小、精度要求高、表面粗糙度低的工件；粗齿锉刀由于齿距较大、不易堵塞，一般用于锉削铜、铝等软金属及加工余量大、表面粗糙度低的工件。表 3－2 给出与各种规格锉刀相适应的加工余量、所能达到的加工精度和表面粗糙度，供读者选择锉刀粗细规格时选用。

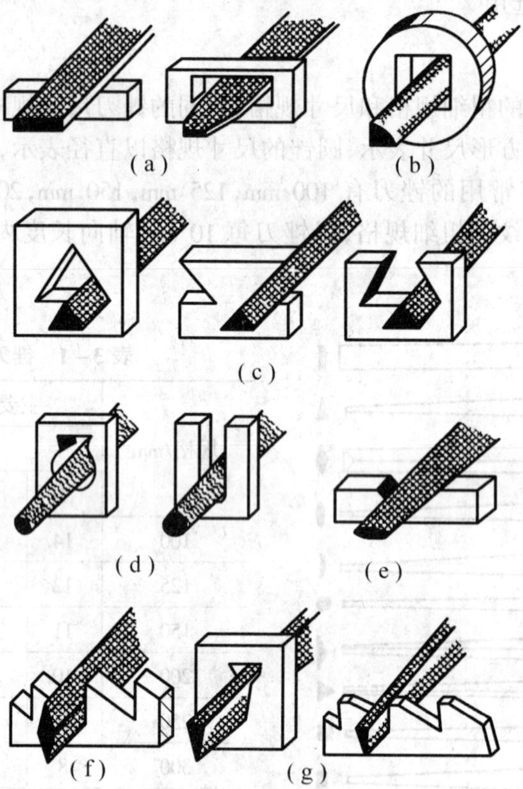

图 3－5　不同加工表面使用的锉刀

(a)板锉；(b)方锉；(c)三角锉；(d)圆锉；(e)半圆锉；(f)菱形锉；(g)刀口锉

表 3－2　锉刀齿纹的粗细规格选用

锉刀粗细	适用场合		
	加工余量/mm	加工精度/mm	表面粗糙度
1 号(粗齿锉刀)	0.5～1	0.2～0.5	R_a100～R_a25
2 号(中齿锉刀)	0.2～0.5	0.05～0.2	R_a25～$R_a6.3$
3 号(细齿锉刀)	0.1～0.3	0.02～0.5	$R_a12.5$～$R_a3.2$
4 号(双细齿锉刀)	0.1～0.2	0.01～0.02	$R_a6.3$～$R_a1.6$
5 号(细光锉)	0.1 以下	0.01	$R_a1.6$～$R_a0.8$

四、锉削

(一)锉刀握法

1.右手紧握锉柄，柄端抵在拇指根部的手掌上，大拇指放在锉柄上部，其余手指由下而上地握着锉柄。

2.左手的基本握法是将拇指根部的肌肉压在锉刀上，拇指自然伸直，其余四指弯向手心，用中指、无名指捏住锉前端。

3. 锉削时右手推动锉刀并决定推动方向，左手协同右手使锉刀保持平衡。

板锉的握法如图 3-6(a)所示，还有两种左手的握法如图 3-6(b)、图 3-6(c)所示。

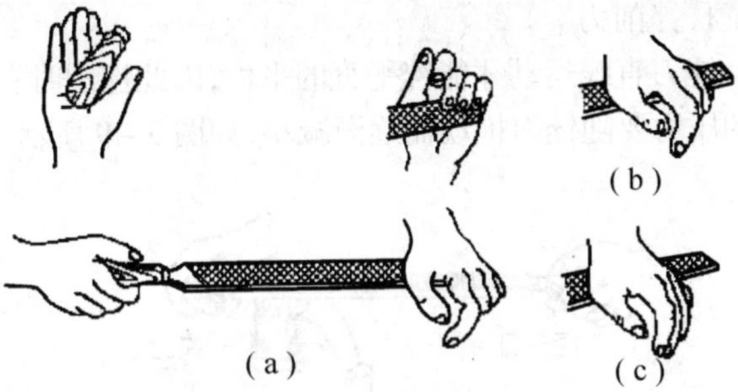

图 3-6　板锉的握法

(二)锉削姿势

1. 锉削时的站立步位和姿势如图 3-7 所示，锉削动作如图 3-8 所示。两手握住锉刀放在工件上面，左臂弯曲，小臂与工件锉削面的左右方向基本保持平行，右小臂要与工件锉削面的前后方向基本保持平行。

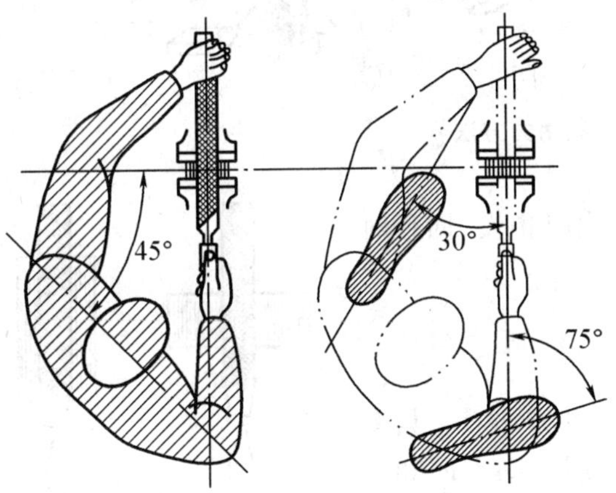

图 3-7　锉削时的站立步位和姿势

2. 锉削时，身体先于锉刀并与之一起向前，右脚伸直并稍向前倾，重心在左脚，左膝部呈弯曲状态。

3. 当锉刀锉至约 3/4 行程时，身体停止前进，两臂则继续将锉刀向前锉到头，同时左脚自然伸直并随着锉削时的反作用力，将身体重心后移，使身体恢复原位，并顺势将锉刀收回。

4. 当锉刀收回将近结束时，身体又开始先于锉刀前倾，做第二次锉削的向前运动。

注意事项：

(1)锉削姿势的正确与否，对锉削质量、锉削力的运用和发挥以及操作者的疲劳程度都起着决定性影响。

(2)锉削姿势的正确掌握，须从锉刀握法、站立步位、姿势动作、操作等几方面进行，动作要协调一致，经过反复练习才能达到一定的要求。

图 3-8　锉 削 动 作

（三）锉削力和锉削速度

1.锉削力

锉刀直线运动才能锉平直的平面，因此锉削时右手的压力要随着锉刀推动而逐渐增加，左手的压力要随锉刀推动而逐渐减小，如图3－9所示。回程时不要用力，以减少锉齿的磨损。

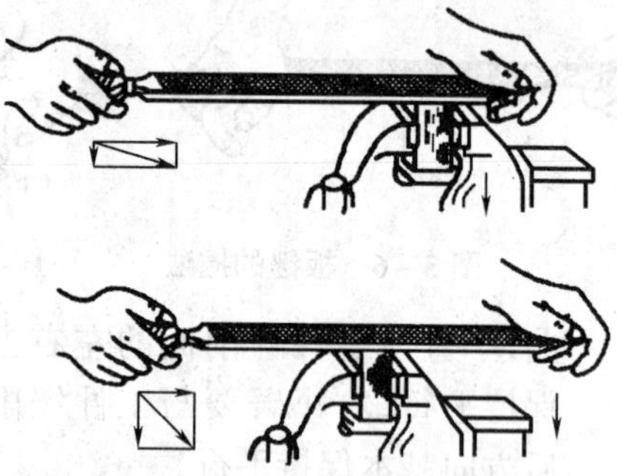

图3－9　锉削用力方法

2.锉削速度

锉削速度一般应在40次/分钟左右。推出时稍慢，回程时稍快，动作要自然，要协调一致。

（四）锉削方法

1.平面锉削方法

（1）顺向锉　是锉刀沿一个方向锉削的运动方法。它具有锉纹清晰、美观和表面粗糙度较小的特点，适用于小平面和粗锉后的场合。顺向锉的锉纹整齐一致，是最基本的一种锉削方法，如图3－10所示。在锉宽平面时，为使整个加工表面能均匀地锉削，每次退回锉刀时应在横向做适当的移动。

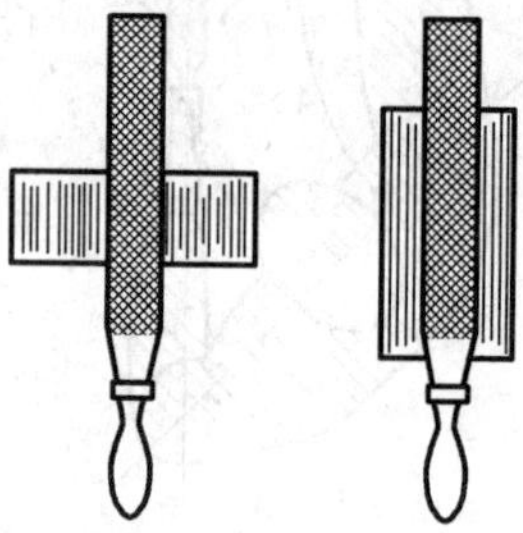

图3－10　顺向锉

（2）交叉锉　是从两个以上不同方向交替锉削的方法。锉刀的运动方向与工件的夹持方向成30°～40°角。它具有锉削平面度好的特点，但表面粗糙度稍差，且锉纹交叉。锉刀与工件的接触面大时，锉刀易掌握，较为平稳。另外，从锉痕上可以判断出锉削面的高低情况，便于不断地修正锉削部位。交叉锉法一般适用于粗锉，精锉时必须采用顺向锉，使锉痕变直，纹理一致，如图3－11所示。

（3）推锉　是双手横握锉刀往复锉削的方法。其锉纹特点是同顺向锉，适用于狭长平面和修整时余量较小的场合，如图3－12所示。

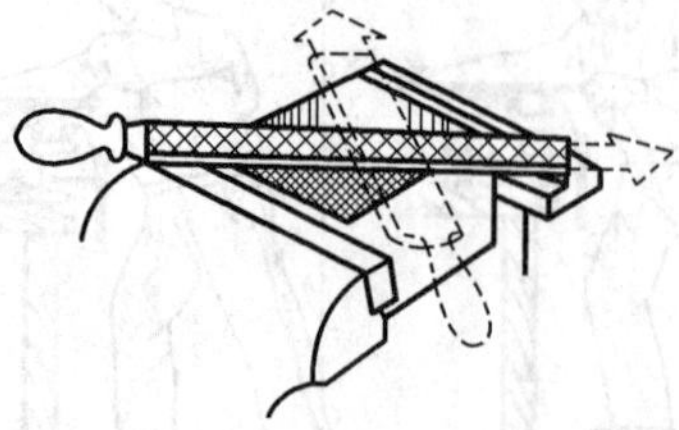

图3－11　交叉锉

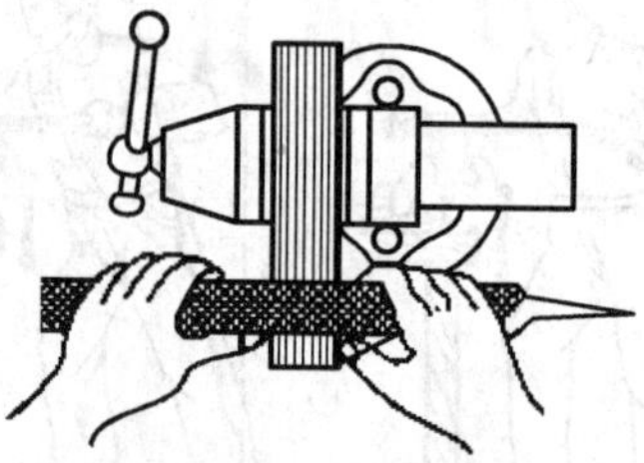

图3－12　推　锉

2.曲面锉削方法

(1)外圆弧面锉削方法　锉削外圆弧面时，锉刀运动分为顺着和横着圆弧面锉削两种方法。当加工余量较大时，应采用横着圆弧面锉削的方法，按照圆弧要求先锉成多棱形后，再用顺着圆弧锉的方法精锉成圆弧。锉削时锉刀须同时完成前进运动和绕工件圆弧中心摆动的复合运动，如图 3－13 所示。

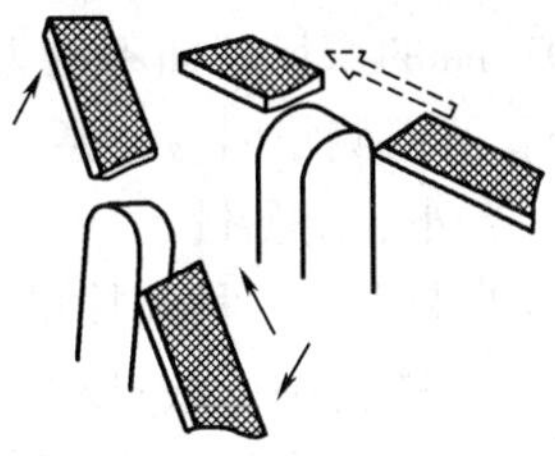

图 3－13　外圆弧面锉削方法

(2)内圆弧面锉削方法　内圆弧面锉削是指锉刀必须同时完成前进运动、移动(向左或向右)和绕内弧中心转动三个运动的复合运动，如图 3－14 所示。

(3)球面锉削　球面锉削是指锉刀完成外圆弧面锉削复合运动的同时，还必须环绕球中心作周向摆动如图 3－15 所示。

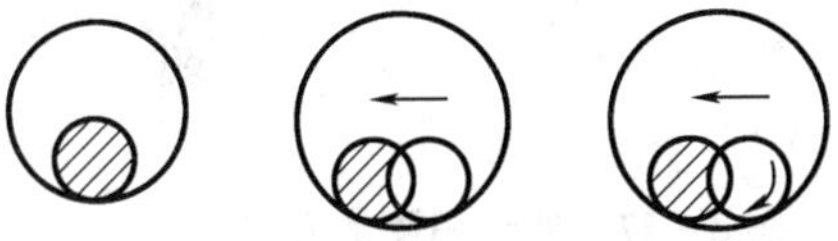

图 3－14　内圆弧面锉削方法

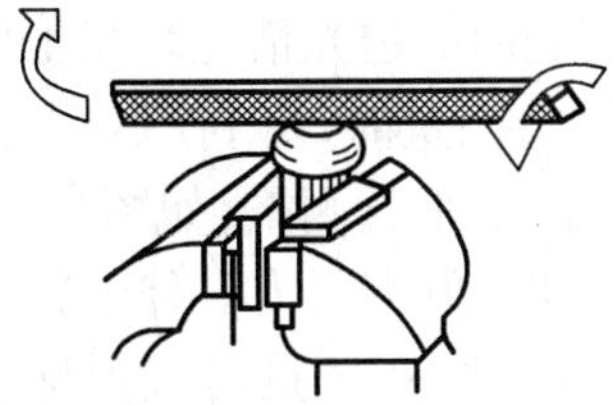

图 3－15　球面锉削

(五)锉削质量检验

1.平面检查

(1)锉削较小工件平面时，其平面通常都采用刀口形直尺，通过透光法来检查，如图 3－16 所示，检查时，刀口形直尺应垂直放在工件表面上，如图 3－16(a)所示，并在加工面的纵向、横向、对角方向多处逐一进行检验，如图 3－16(b)、图 3－16(c)所示以确定各方向的直线度误差。

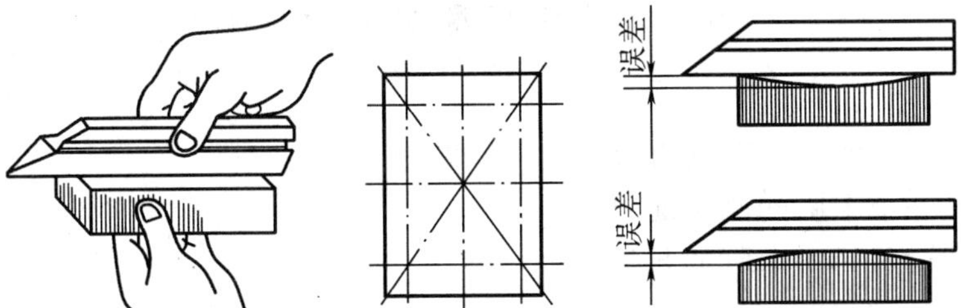

图 3－16　用刀口形直尺检查平面度

如果刀口形直尺与工件平面间透光微弱而均匀，说明该方向是直的；如果透光强弱不一，说明该方向是不直的。

(2)刀口形直尺在检查平面上移动位置时，不能在平面上拖动，否则直尺的测量边容易磨损而降低其精度。

(3)塞尺是用来检验两个结合面之间间隙大小的片状量规。使用时根据被测间隙的大小,可用一片或数片重叠在一起作塞入检验。例如用 0.06 mm 的塞尺可以插入,而用 0.07 mm的塞尺就插不进去,则其间隙在 0.06～0.07 mm 之间。塞尺的薄片很薄,易弯曲和折断,所以测量时应注意。

2.外卡钳测量

外卡钳是一种间接量具,用于测量尺寸,应先在工件上度量后,再与带读数的量具进行比较,才能得出读数;或者先在带读数的量具上度量出必要的尺寸后,再去度量工件。

(1)测量方法　当工件误差较大作粗测量时,可用透光法判断其尺寸差值的大小,如图3－17(a)所示。测量时外卡钳的一卡脚测量面要始终抵住工件基准面,才可观察另一卡脚测量面与被测表面的透光情况。当工件误差较小作精测量时,可利用外卡钳的自重由上向下垂直测量,如图3－17(b)所示,以便控制测量力。外卡钳测量面的开度尺寸,在测量时应保证靠外卡钳自重能够通过工件,但应有一定摩擦。两卡脚的测量面与工件的接触要正确,如图 3－18 所示。使用方法是使卡脚处于测量时感觉最松的位置。

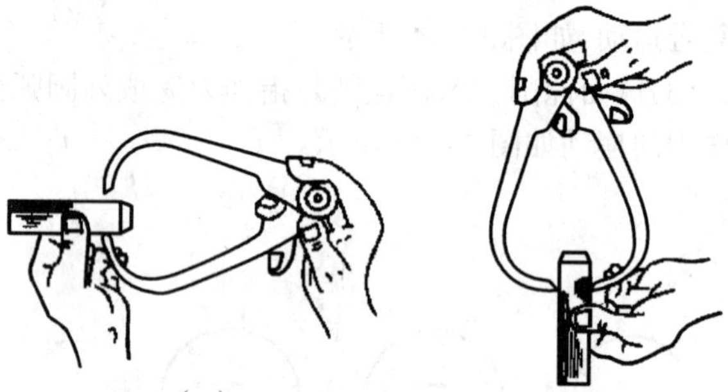

(a)　　(b)

图 3－17　外卡钳测量方法

(a)透光法;(b)感觉法

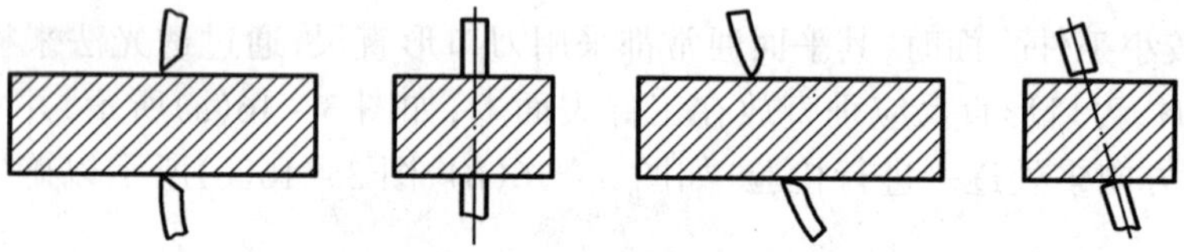

(a)　　(b)

图 3－18　外卡钳测量面与工件的接触

(a)正确;(b)错误

(2)尺寸调节　外卡钳在钢直尺上量取尺寸时,一个卡脚的测量面要紧靠钢直尺的端面,另一卡脚的测量面调节到所取尺寸的刻线,且两测量面的连线应与钢直尺边平行,视线要垂直于钢直尺的刻线面,如图 3－19(a)所示,应调节卡钳,使之与钢直尺稍有摩擦。

3.角尺检查

用90°角尺或活动角尺检查工件的垂直度前,应先用锉刀将工件的锐

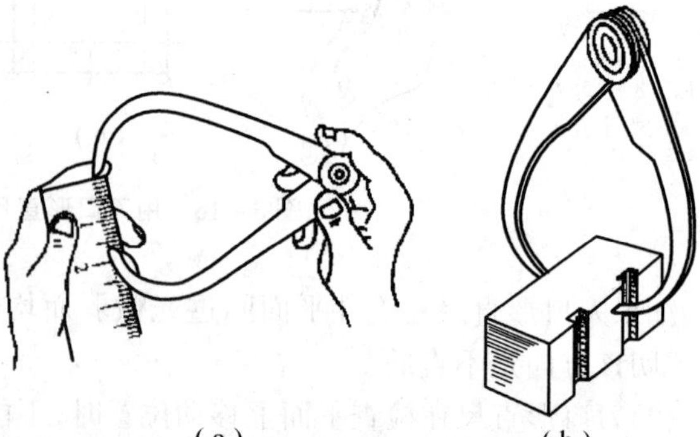

(a)　　(b)

图 3－19　外卡钳测量尺寸的量取

边倒钝，如图3－20所示。检查时，应注意以下几点。

(1)先将角尺尺座的测量面紧贴工件基准面，然后从上轻轻向下移动，使角尺尺瞄的测量面与工件的被测表面接触，如图 3－21(a)所示。眼睛平视观察其透光情况，以此来判断工件被测面与基准面是否垂直。检查时，角尺不可斜放，如图 3－21(b)所示，否则检查结果不准确。

(2)若在同一平面上不同位置进行检查时，角尺不可在工件表面上前后移动，以免磨损，影响角尺本身精度。

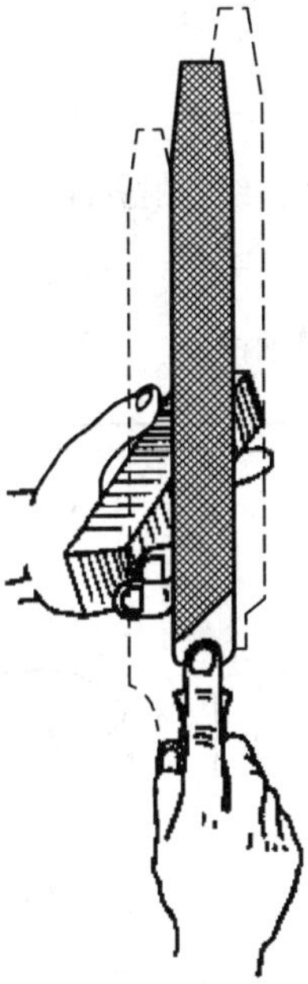

图 3－20 锐边倒钝

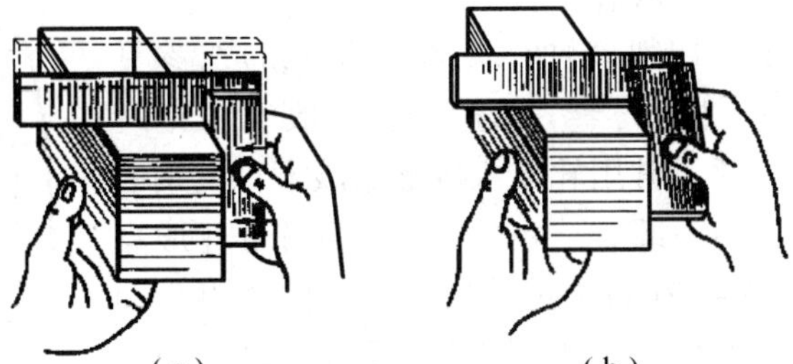

(a)　　(b)

图 3－21 用 90°角尺检查工件垂直度
(a)正确；(b)错误

(3)使用活动角尺时，因其本身无固定角度，是在标准角度样板上定取，然后再检查工件，所以在定取角度时应该很精确。

第二节 錾　削

錾削是钳工常用的加工方法。用手锤打击錾子对金属进行切削加工，这种操作方法叫做錾削。目前錾削一般用来錾掉锻件的飞边、铸件的毛刺和浇冒口，錾掉配合件凸出的错位、边缘及多余的一层金属，分割钣料，錾切油槽等。錾削用的工具，主要是錾子和手锤。

一、錾子

錾子是錾削工作中的主要工具。錾子一般用碳素工具钢(T7A)锻成，经热处理后使其硬度达到 HRC56～62。

1.錾子的种类及用途

錾子的形状是根据錾削的工作需要而设计的。常用的錾子有扁錾、尖錾、油槽錾等。表

3－3为錾子的种类与用途。

表 3－3　錾子的种类和用途

名　称	图　形	用　途
扁錾(扁铲)	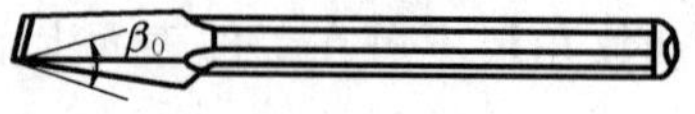 錾削较硬材料时 $\beta_0 = 60° \sim 70°$ 錾削中等硬材料时 $\beta_0 = 50° \sim 60°$ 錾削较软材料时 $\beta_0 = 30° \sim 50°$	錾切平面、去除铸件毛边、分割薄金属板或切断小直径棒料
软錾(尖錾)		錾槽或沿曲线分割板料
油槽錾	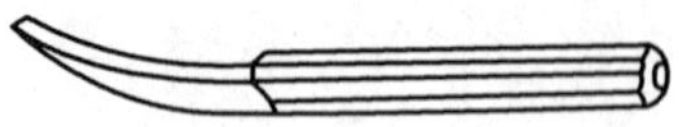	錾削润滑油槽

2.錾子的构造

錾子由切削、錾柄、头部三部分组成，参见表 3－3 图形。錾子的长度一般为 150～200 mm。錾子常用轧成八棱形的碳素工具钢锻成。錾子的头部有一定锥度，顶部略带球形突起，如图 3－27(a)所示。这种形状的优点是面小凸起、受力集中、錾子不易偏斜、刃口不易损坏。为防止錾子在手中转动，錾身应稍成扁形。

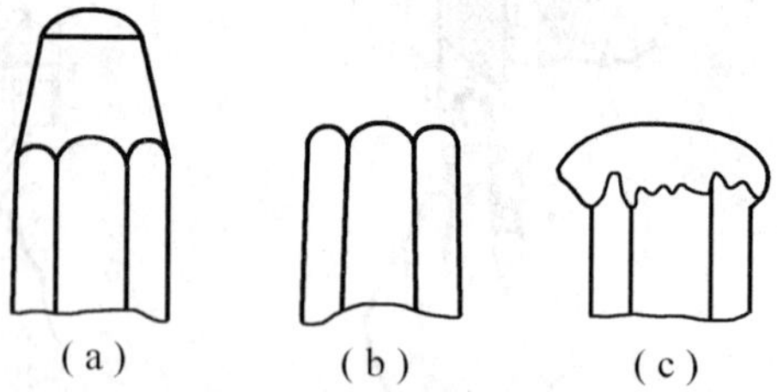

图 3－27　錾子的头部

图 3－27(b)所示为不正确的头部，这样的头部不能保证锤击力落在錾刃的中心点上，易击偏。錾子头部没有淬过火，因此锤击多次后会打出卷曲的毛刺来，如图 3－27(c)所示。出现毛刺后，应在砂轮上磨去，以免发生危险。

3.錾子的切削原理

錾子的切削部分由前刀面、后刀面以及它们的交线形成的切削刃组成，即两面一刃。錾削时形成的切削角度如图 3－28 所示。

(1)前角 γ_0　它是前刀面与基准面间的夹角。前角愈大，被切金属的切屑变形愈小，切削愈省力。前角愈大愈省力，如图3－28(a)。

(2)楔角 β_0　它是前刀面与后刀面之间的夹角。楔角愈小，錾子刃口愈锋利，錾削愈省力。但楔角过小，会造成刃口薄弱，錾子强度差，刃口易崩裂；而楔角过大时，刀具强度虽好，但錾削很困难，錾削表面也不易平整。所以，錾子的楔角应在其强度允许的情况下，选择尽量小的数值。錾削不同软硬材料，对錾子强度的要求不同，因此錾子楔角应该主要根据工件材料的软硬来选择。β_0 楔角数值的选取参见表 3－4。

(3)后角 α_0　它是后刀面与切削平面之间的夹角。其大小取决于錾子被掌握的方向。錾削时一般取后角5°～8°，后角太大会使錾子切入材料太深，錾不动，甚至损坏錾子刃口，如图3－28(b)所示；若后角太小，錾子容易从材料表面滑出，不能切入，即使能錾削，由于切入

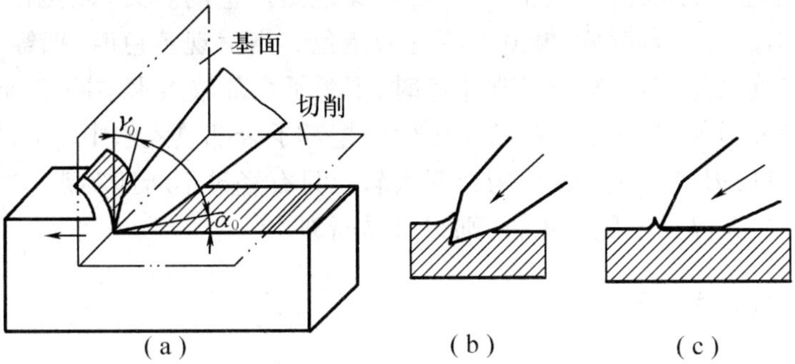

图 3－28　錾削时角度

很浅，效率也不高，如图3－28(c)所示。在錾削过程中，应握稳錾子，使后角 α_0 不变。否则将使表面錾得高低不平。由于基面垂直于切削平面，所以 $\alpha_0+\beta_0+\gamma_0=90°$。当后角 α_0 一定时，前角 γ_0 的数值由楔角 β_0 的大小决定。

4.錾子的刃磨

新锻制的或用钝了的錾刃，要用砂轮磨锐。磨錾子的方法是，錾子被磨部位必须高于砂轮中心，以防錾子被高速旋转的砂轮带入砂轮架下而引起事故。手握錾子的方法如图 3－29 所示。錾子的刃磨部位主要是前刀面、后刀面及侧面。刃磨时，錾子在砂轮的全宽上作左右平行移动，这样既可以保证磨出的表面平整，又能使砂轮磨损均匀。要控制握錾子的方向、位置，保证磨出所需要的楔角。刃口两面要交替着磨，保证一样宽，刃面宽约为 2～3 mm（图 3－30)，两刃面要对称，刃口要平直。刃磨时，应在砂轮运转平稳后进行。人的身体不准正面对着砂轮，以免发生事故。按在錾子上的压力不能太大，不能使刃磨部分因温度太高而退火。为此，必须在磨錾子时经常将錾子浸入水中冷却。

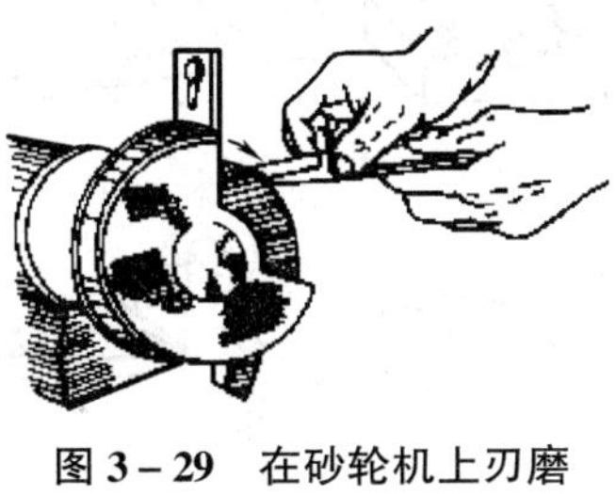

图 3－29　在砂轮机上刃磨

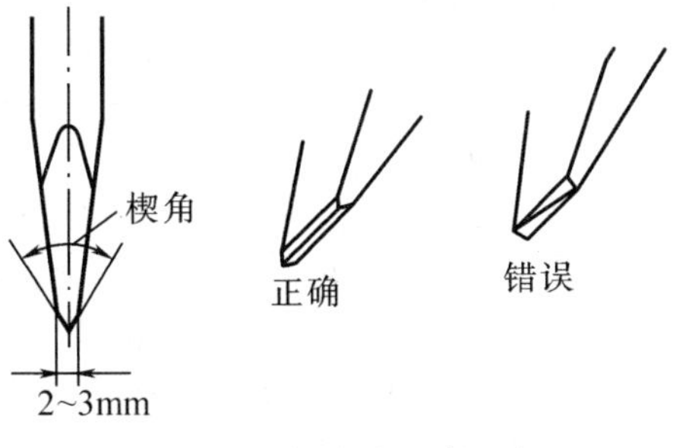

图 3－30　錾子的刃磨要求

5.錾子的淬火

为提高錾子的硬度和耐磨性，其切削部分应经过淬火。为防止淬火后在刃磨时退火，并便于淬火时观察，一般把锻好的錾子粗磨后再进行淬火。碳素工具钢（T7A）进行热处理时，把錾子切削刃部（长度为 20～25 mm）加热到 750～780 ℃（呈暗樱红色）后取出，迅速垂直地放入水中约 3～5 mm，并沿水平微微作水平移动。移动的目的是为了加速冷却，提高淬火硬度，并使淬硬部分与不淬硬部分不致有明显的界限存在。如有明显的界限存在，则錾子易在此线上断裂。当錾子露出水面的部分呈黑红色，由水中取出，利用上部热量进行余热回火。

这时，要注意观察錾子的颜色，一般刚出水时的颜色是白色的。刃口的温度逐渐上升后，颜色也随着改变，由白色变为黄色，再由黄色变为蓝色。当呈现黄色时，把錾子全部放入水中冷却，此时称为“黄火”。而当錾子呈现蓝色时，把錾子全部放入水中冷却，此时称为“蓝火”。有经验的人一般采用黄、蓝火之间的錾子硬度。把錾子全部放入水中时间的早晚，对刃口硬度关系极大。太早，刃口太脆；太晚，刃口又太软。只有经过不断地实践，才能熟练地得到理想的錾子硬度。冬天淬火要用温水，否则刃口易断裂。

二、錾削方法(表 3－4)

表 3－4 錾削方法

錾削内容	方法	图示
錾削平面	用扁铲每次錾削材料厚度为 0.5～2 mm。起錾时可在工件的中部或侧面的尖角进行。尖角处起錾，因尖角与切削刃接触面小，阻力小，易切入，能较好地控制加工余量，而不致产生滑移及弹跳。起錾后要把切削角度调整到能顺利地錾掉厚度均匀的材料，再把錾子逐渐移向中间，使切削刃全宽参加切削。每次錾削距尽头约 10 mm时，应调头錾削，否则尽头的材料易崩裂(尤其是铸铁、青铜等脆性材料)	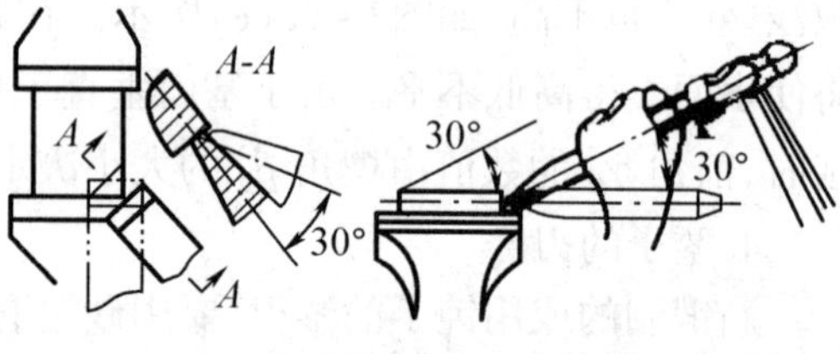 (a)起錾方法 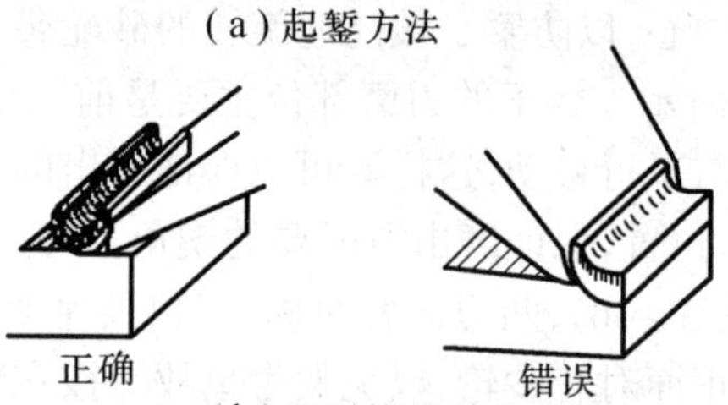 (b)錾到尽头时的方法
錾削大平面	錾削大平面，先用窄铲开錾，在工件上錾出若干条平行槽，再以扁铲将剩余部分錾平。这样可以避免錾子的切削部分两侧被工件卡住	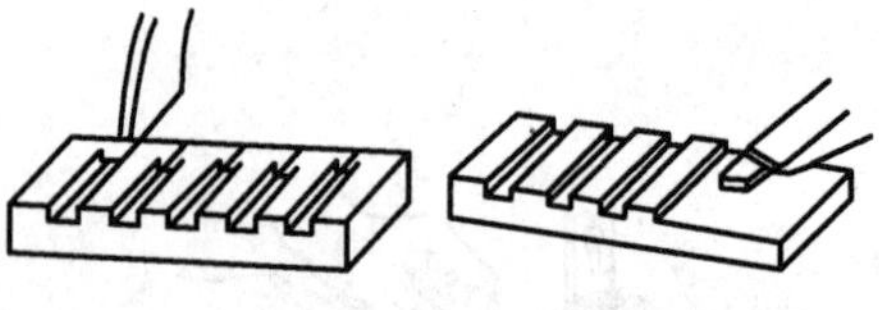
錾削钣料和圆棒	在虎钳上和砧上錾断钣料和圆棒。在虎钳上夹工件时的錾削线要与钳口平齐再进行切断。为使錾切钣料省力，扁錾刃与钳口约成 45°角自右向左錾切。斜向錾切时，扁錾部分刃口与被錾削材料接触，阻力小，易分割，在铁砧上要錾切平面时錾子要垂直于工件，为保护錾子的切刃，在工件上面要垫上软铁材料	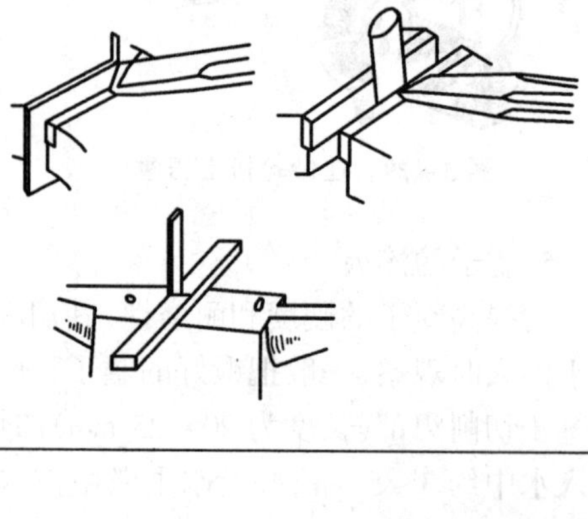

表 3－4(续)

錾削内容	方　法	图　示
錾削键槽	先划好加工线，再在一端或两端钻孔径等于槽宽的孔，然后将尖錾磨成适合的尺寸錾削，每次錾削力要小，用力要轻	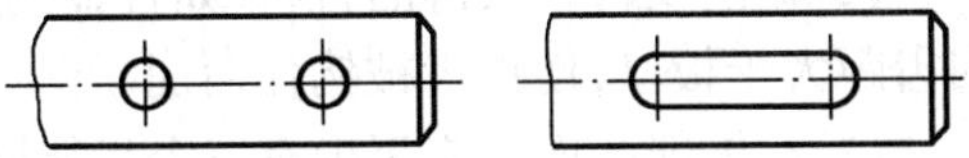
錾削油槽	选用与油槽等宽的油錾錾削。如在曲面上錾削曲槽，錾子的倾斜角度要随曲面的变化而变化，以保持錾削时的后角不变，从而保证油槽尺寸、深浅和表面粗糙度的要求。錾削完后，要用砂布或刮刀除去槽边毛刺使槽表面光滑	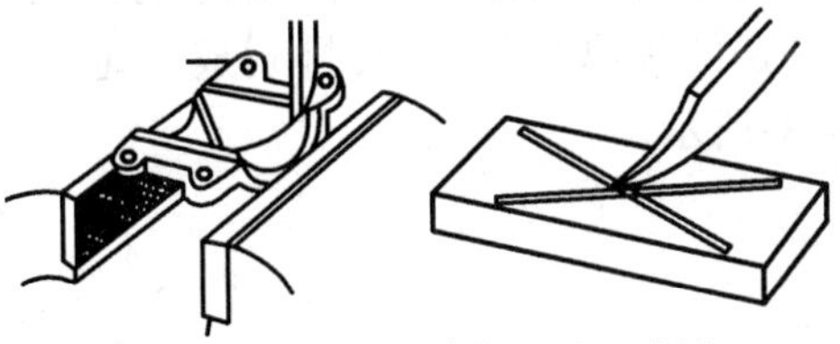 (a)錾曲面油槽　(b)錾平面油槽

第三节　锯　　削

锯削工具可以锯断各种原料或半成品、工件多余部分。钳工常用的手锯是在锯弓上装夹锯条制作成的。

一、手锯

手锯由锯弓和锯条两部分组成。锯弓用于安装和张紧锯条，有固定和可调节式两种，如图 3－31 所示。固定式锯弓中能安装一种长度的锯条；可调节式锯弓的安装距离可以调节，能安装几种长度的锯条。锯弓两端都有夹头，一端是固定的，一端为活动的。当锯条装在两端夹头的销子上后，旋紧活动夹头上的翼形螺母就可以把锯条拉紧。

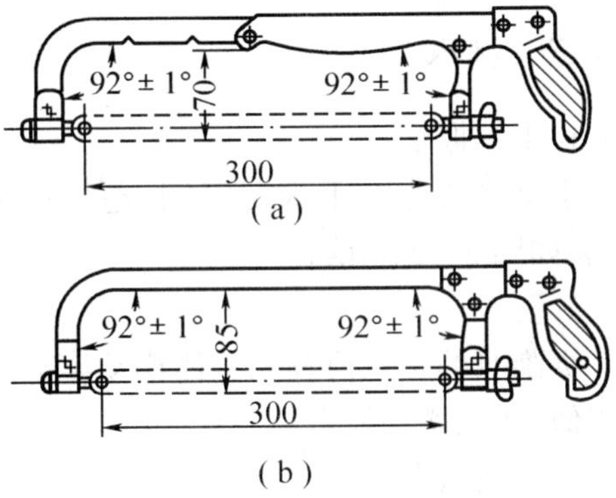

图 3－31　锯弓的形式

(a)可调节式；(b)固定式

二、锯条

锯条一般用渗软钢冷轧而成，经热处理淬硬。锯条的长度以两端安装孔的中心距来表示，常用的为300 mm。

1.锯齿的切削角度

锯条的一边有交叉形或波浪形排列的锯齿，它的切削角度如图 3－32 所示。其前角 $\gamma_0 = 90°$，后角 $\alpha_0 = 40°$，楔角 $\beta_0 = 50°$。

2.锯齿的粗细

锯齿的粗细是以锯条每 25 mm 长度内的齿数来表示的。一般根据锯条锯齿和牙距的大小，锯齿可分为细齿（1.1 mm）、中齿（1.4 mm）和粗齿（1.8 mm）三种。使用时应根据所锯材料的软硬和厚薄来选用。锯齿的选择如下。

(1)锯削软材料(如纯铜、铝、铸铁、低碳钢和中碳钢等)或较厚的材料时应选用粗齿锯条。

(2)锯削硬材料或薄的材料(如合金钢、各种管子、薄板料等)时应选用细齿锯条,否则会因齿距大于板厚,使锯齿被钩住而崩断。

(3)在锯削截面上应至少有三个齿能同时参加锯削,这样才能避免锯齿被钩住和崩裂。

3.锯路

为了减少锯缝两侧面与锯条的摩擦阻力,避免锯条被夹住或折断,在制造锯条时,锯齿按一定的规律左右错开,排列成一定的形状,称为锯路。锯路有交叉形和波浪形等,如图3-33所示。

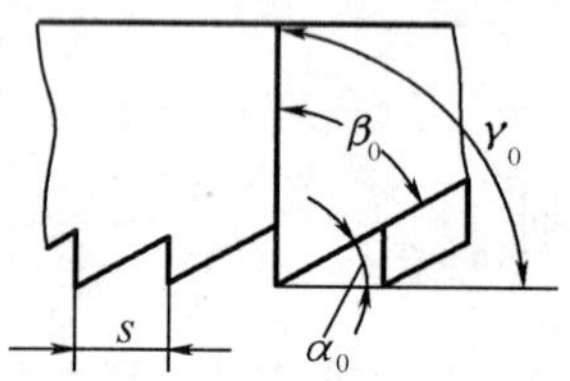

图3-32 锯齿的切削角度

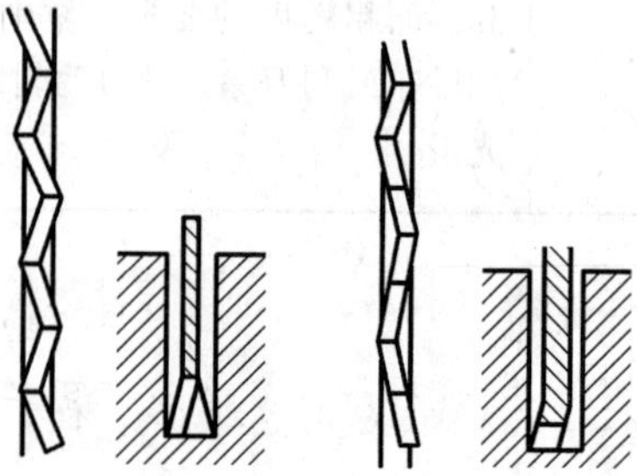

(a) (b)

图3-33 锯 路

(a)交叉形;(b)波浪形

三、锯削姿势

1.手锯握法

手锯握法为右手满握锯柄,左手轻扶在锯弓前端,如图3-34所示。

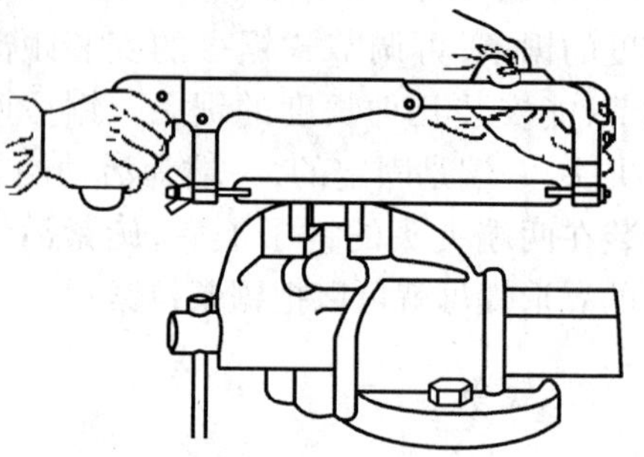

图3-34 手锯握法

2.姿势

锯削时的站立位置和身体摆动姿势与锉削基本相似,注意摆动要自然。

3.锯削压力

锯削运动时,推力与压力由右手控制,左手主要配合右手扶正锯弓,压力不要过大。手锯推出时为切削行程,应施加压力,返回程时不切削、不施加压力做自然拉回。工件将锯断时,右手施加的压力要小,避免压力过大导致锯条断裂,伤及人身。

4.锯削运动

锯削运动是小幅度的上下摆动式运动。手锯推进时,身体略闪倾,双手在压向手锯时,左手上翘,右手下压,回程时右手上抬,左手自然跟回。锯削的运动速度一般为40次/min左右,锯削硬材料慢些,锯削软材料快些,同时应使锯削行程保持均匀,返回行程的速度相对快些。

四、锯削方法

1.锯条安装

(1)锯条安装时应使齿尖的方向朝前,如果装反了(图 3-45),则锯齿前角为负值,就不能正常锯削。

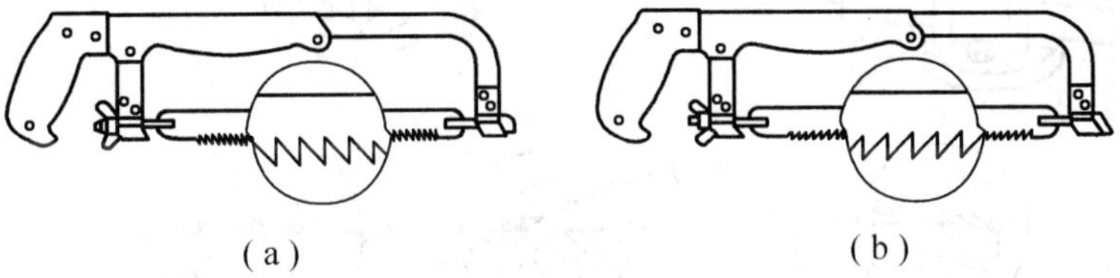

图 3-45　锯条的安装

(a)正确;(b)错误

(2)在调节锯条松紧时,翼形螺母应调节得松紧得当;太紧时锯条受力很大,很锯削时用力稍不当,就会折断;太松则锯削时锯条容易扭曲,也易折断,而且锯出的锯缝容易歪斜。其松紧程度以用手扳动锯条,感觉硬实即可。

(3)锯条安装后,要保证条平面与锯弓中心平面平行,不得倾斜和扭曲,否则锯削时锯缝极易歪斜,易折断锯条。

2.装夹工件

(1)工件一般应夹持在台虎钳的左面,以便操作。

(2)工件不应伸出钳口过长,防止在锯削工件时产生振动(应保持锯缝距离钳口铡面 20 mm左右)。

(3)锯缝线要与钳口铡面保持平行,以便使锯缝不偏离划线线条。

(4)要避免将工件夹得变形或夹坏已加工表面。

3.起锯方法

起锯有远起锯和近起锯两种,如图 3-46 所示。起锯时,左手拇指靠近锯条,使锯条能正确地放在所需要的位置上,行程要短,压力要小,速度要慢。起锯是锯削工作的开始,起锯质量的好坏,直接影响锯削质量。锯削时常出现锯条跳出锯缝将工件拉坏、引起锯齿崩裂、锯缝与划线位置不一致等现象,使锯削尺寸出现较大偏差。起锯角约为 15°。如果起锯角太大,则起锯易不平稳,尤其是近起锯时锯齿会被工件棱边卡住引起崩裂;但起锯角也不宜太小,否则由于锯齿与工件同时接触的齿数较多,不易切入材料,多次起锯往往容易发生偏离,使工件表面锯出许多锯痕,影响表面质量。

4.锯削方法

(1)棒料　若锯削的断面要求平整,应从开始连续锯到结束。若锯出的断面要求不高,可分几个方向锯下,能提高工作效率。

(2)管子　锯削管子前,应划出垂直于轴线的锯削线。锯削时必须把管子夹正。对于薄壁管子和精加工过的管子,应夹在有 V 形槽的两木衬垫之间,如图 3-47 所示,以防将管子夹扁和夹坏表面。

锯削薄管子时,先在一个方向锯到管子内壁处,而后把管子向推锯的方向转过一个角度,并连接原锯缝再锯到管子的内壁处,如此逐渐改变方向不断转锯,直到锯断为止。

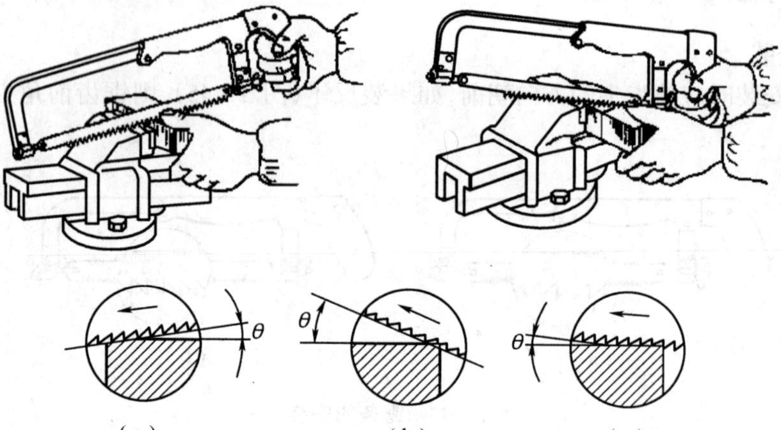

图 3-46 起锯方法

(a)远起锯;(b)起锯角过大;(c)近起锯

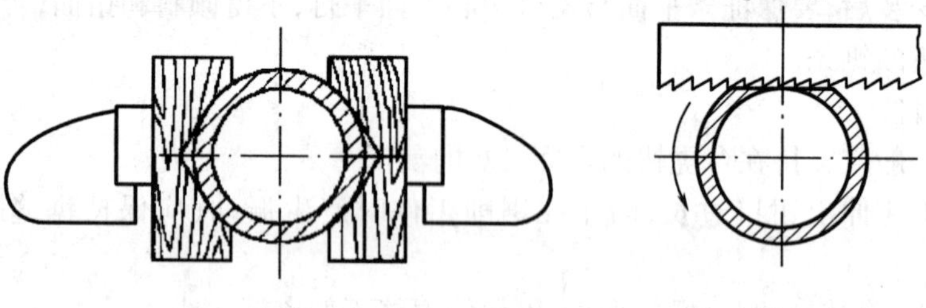

图 3-47 管子的夹持和锯削

(a)管子的夹持;(b)转位锯削

(3)薄钣料　锯削时应从薄钣料宽面上锯下去。若只能在薄钣料的狭面上锯下去时,可用两块木板夹持,连木块一起锯下,避免锯齿钩住,同时也增加了薄钣料的刚度,使锯削时不发生颤动,如图 3-48 所示;也可以用手锯做横向斜推锯,使锯齿与薄钣料接触的齿数增加,避免锯齿崩裂。

(4)深缝锯削　当锯缝的深度超过锯弓的高度时,应将锯条转过 90°重新装夹,使锯弓转到工件的旁边。当锯弓横下来其高度仍不够时,也可使锯齿朝内装夹进行锯削,如图 3-49 所示。

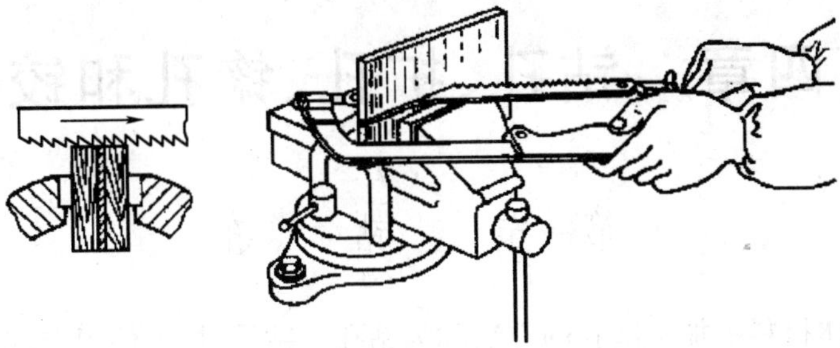
(a)　　　　　　　　(b)

图 3-48　薄板料锯削方法

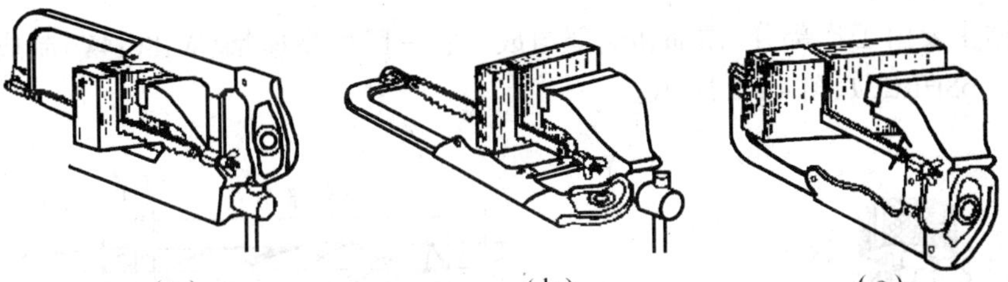
(a)　　　　　　　　(b)　　　　　　　　(c)

图 3-49　深缝锯削

第四章　钻孔、扩孔、锪孔和铰孔

第一节　钻　孔

用钻头在实体材料上加工圆孔的方法称为钻孔。钻孔时，工件固定，钻头安装在钻床主轴上做旋转运动，称为主运动；钻头沿轴线方向移动称为进给运动。钻削的运动如图 4－1 所示，下面主要介绍麻花钻。

一、钻头

麻花钻主要由工作部分、颈部和柄部组成。它一般用高速钢（W18Cr4V）制成，淬火后的硬度为 62～68HRC，如图 4－2 所示。

图 4－1　钻削运动

v—主运动；f—进给运动

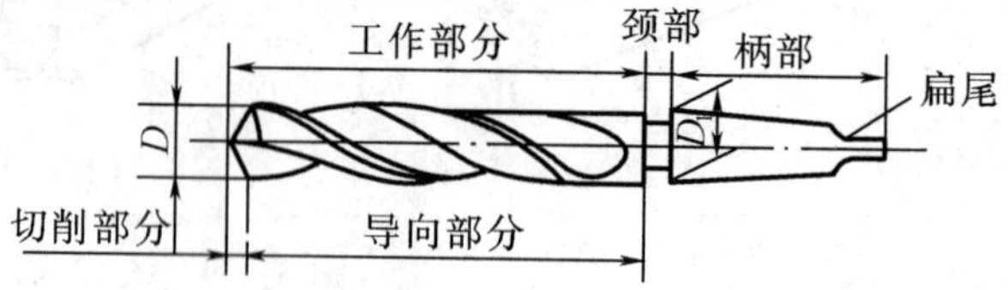

（a）锥柄式

（b）柱柄式

图 4－2　麻花钻的组成

柄部是麻花钻的夹持部分，按结构不同分为直柄和锥柄两种。锥柄为莫氏锥度。一般直径小于 13 mm 的钻头做成直柄；直径大于 13 mm 的做成锥柄。钻孔时柄部安装在钻床主轴上，用于传递扭矩和轴向力。

颈部在磨制钻头时供砂轮退刀用，钻头的规格、材料、商标也刻在颈部。

工作部分由切削部分和导向部分组成。导向部分由两条螺旋槽组成，用于保持钻头工作时的方向正确和排屑，也是钻头的备磨部分。切削部分（图 4－3）包括两条螺旋槽。标准麻花钻的切削部分由两条主切削刃、两条副切削刃、一条横刃和两个前刀面、两个后刀面、两个副后刀面组成。

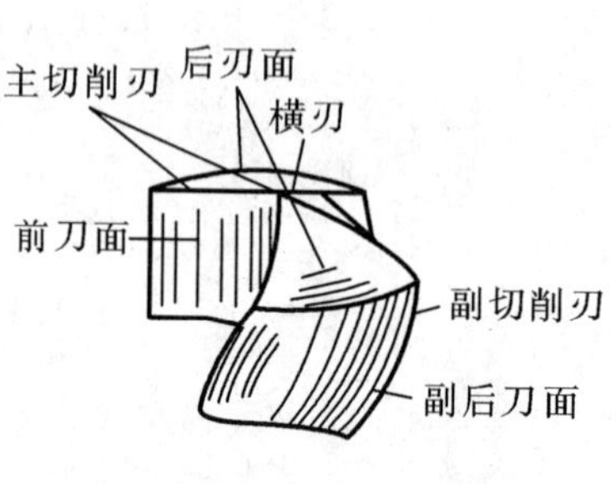

图 4－3　麻花钻的切削部分

二、钻孔方法

1. 钻头的拆装

（1）直柄麻花钻的拆装　直柄麻花钻直接用钻夹头夹持。将直柄麻花钻的柄部塞入钻夹头的三个卡爪内,然后用钻夹头钥匙旋转外套,带动三只卡爪移动,夹紧钻头,如图 4-4 所示。

(2)锥柄麻花钻的拆装　锥柄麻花钻的安装是用其柄部的莫氏锥体直接与钻床主轴连接。在安装时必须将钻柄部与主轴锥孔擦拭干净,并使钻头锥柄上的矩形舌部与主轴腰形孔的方向一致,用手握住钻头,利用向上的冲力一次安装完成(图 4-5(a))。当钻头锥柄小于主轴锥孔时,可添加锥套(图 4-5(b))来连接。锥柄钻头的拆卸是利用斜铁来完成的(图 4-5(c))。使用斜铁时,斜面要放在下面,利用斜铁斜面向下的分力,使钻头与锥套或主轴分离。

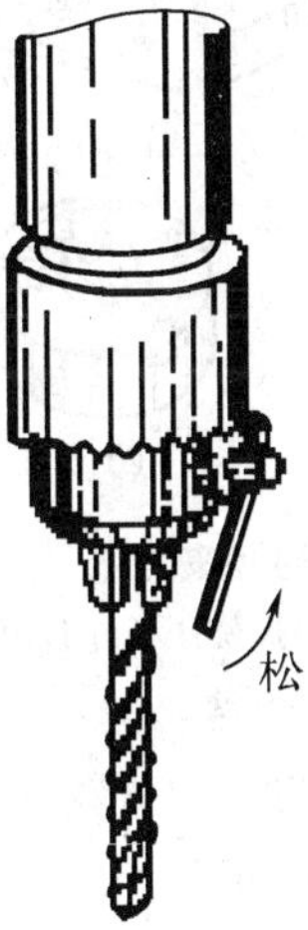

图 4-4　用钻夹头夹持

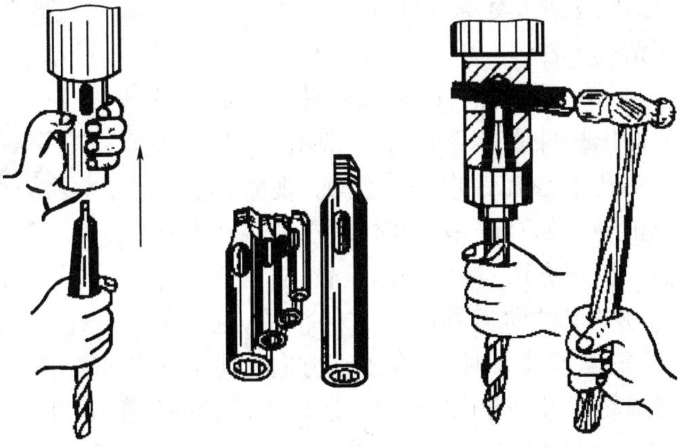

图 4-5　锥柄钻头的拆装及锥套用法

2.工件的装夹

工件在钻孔时,为保证钻孔的质量和安全,应根据工件的不同形状和切削力的大小,采用不同的装夹方法 。

(1)外形平整的工件可用钳口装夹,如图 4-6 所示。注意事项具体如下:

①装夹时,应使工件表面与钻头轴线垂直;

②钻孔直径小于 12 mm 时,平口钳可以不固定;钻孔直径大于 12 mm 时,必须将平口钳固定;

③用平口钳夹持工件钻通孔时(图 4-6(a)),工件底部应垫上垫铁,空出钻孔部位,以免钻坏平口钳。

(2)对于圆柱形工件,可用 V 形铁进行装夹(图 4-6(b)),但钻头轴心线必须与 V 形铁的对称平面垂直,避免出现钻孔不对称的现象。

(3)对于较大且钻孔直径在 12 mm 以上的工件,可用压板夹持的方法进行钻孔(图 4-6(c))。在使用压板装夹工件时应注意:

①压板厚度与锁紧螺栓直径的比例应适当,不要造成压板弯曲变形而影响夹紧力;

②锁紧螺栓应尽量靠近工件,垫铁高度应略超过工件夹紧表面,以保证对工件有较大的夹紧力,并可避免工件在夹紧过程中产生移动;

③当夹紧表面为已加工表面时,应添加衬垫,防止压出印痕。

(4)对于加工基准在侧面的工件,可用角铁进行装夹(图4-6(d))。由于此时的轴向钻削力作用在角铁安装平面以外,因此角铁必须固定在钻床工作台上。

(5)在薄板或小型工件上钻小孔,可将工件放在定位块上,用手虎钳夹持(图4-6(e))。

(6)在圆柱形工件端面钻孔,可用三爪自定心卡盘进行装夹(图4-6(f))。

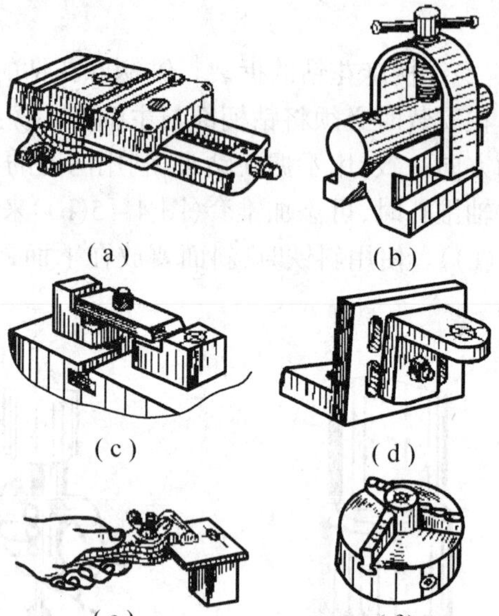

图4-6 工件的装夹方法

(a)平口钳;(b)V形铁;(c)螺旋压板;(d)角铁;(e)手虎钳;(f)三爪自定心卡盘

3.钻孔方法

(1)起钻　钻孔前,应在工件钻孔中心位置用样冲冲出样冲眼,以利找正。钻孔时,先使钻头对准钻孔中心轻钻出一个浅坑,观察钻孔位置是否正确。如有误差,及时校正,使浅坑与中心同轴。校正方法:如位置偏差较小,可在起钻同时用力将工件向偏移的反方向推移,逐步校正;当位置偏差较大时,可在校正方向打上几个样冲眼或錾出几条槽(图4-7),以减少此处的钻削阻力,达到校正的目的。但无论采用何种方法,都必须在锥坑外圆小于钻头直径之前完成,否则孔位偏差将很难校正过来。

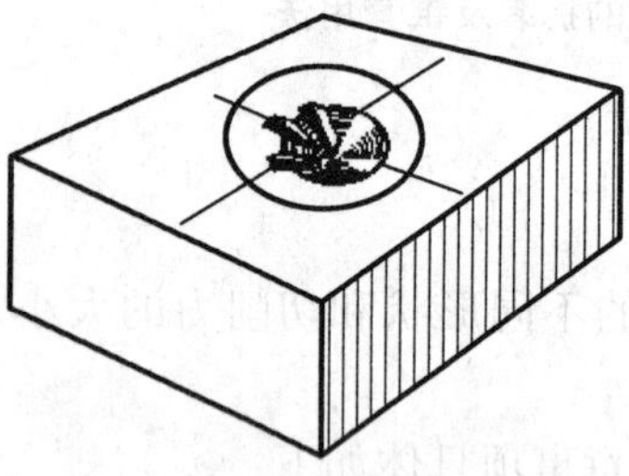

图4-7 用錾槽纠正钻偏的孔

(2)手进给操作　当起钻达到钻孔位置要求后,即可进行钻孔。

①进给时用力不可太大,以防钻头弯曲,使钻孔轴线歪斜;

②钻深孔或小直径孔时,进给力要小,并经常退钻排屑,防止切屑阻塞而折断钻头;

③孔将钻通时,进给力必须减小,以免进给力突然过大,造成钻头折断,或使工件随钻头转动造成事故。

(3)钻孔时的切削液　钻孔时应加注足够的切削液,以达到钻头散热、减少摩擦、消除积屑瘤、降低切削阻力、提高钻头寿命、改善孔的表面质量的目的。一般钻钢件时用3%~5%的乳化液;钻铸铁时,可以不加或用煤油进行冷却润滑。

三、钻头刃磨

1.钻头刃磨练习

(1)两手握法　右手握住钻头切削部分,左手握住钻头柄部,如图4-8所示。

(2)钻头与砂轮的相对位置　钻头中心线与砂轮外圆母线在水平面内的夹角等于钻头顶角2ϕ的一半,被刃磨的主切削刃处于水平位置,如图4-8(a)所示。

(3)刃磨动作　主切削刃应放在略高于砂轮的水平中心平面处(图4-8(b)),右手缓慢地使钻头绕自身轴线由下向上转动,并施加一定的压力,以刃磨整个后刀面;左手配合右手做同步的下压动作,以便磨出后角,下压动作的速度和幅度要随后角大小而变。为保证钻心

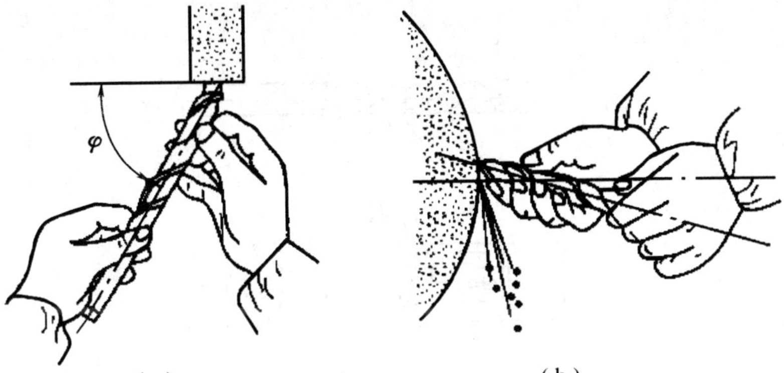

图 4－8　钻头刃磨时与砂轮的相对位置

处磨出较大后角，还应做适当的右移运动。刃磨时两后面应经常轮换，以保证两主切削刃对称。刃磨时两手配合应协调、自然，压力不可过大，并要经常蘸水冷却，防止过热退火而降低硬度。

(4)砂轮选择　刃磨钻头用的砂轮一般选择粒度为 46～80、硬度为中软级的氧化铝砂轮。砂轮运转必须平稳，如跳动量过大，则应进行必要的修整。

2.钻头刃磨检验

钻头的几何角度及两主切削刃的对称要求，可通过检验样板进行检验(图 4－9)。但在实际操作中，经常采用目测法进行检验。目测时，把钻头切削部分向上竖立，两眼平视钻头尖部，由于两主切削刃一前一后会产生视觉误差，会感觉前刃高，后刃低，所以旋转 180°后应反复观察，结果一样，才能说明对称。钻头外缘处的后角，可以通过目测外缘处靠近刃口部分的后刀面的倾斜情况来判断。靠近中心处的后角，可通过观察横刃斜角进行判断。

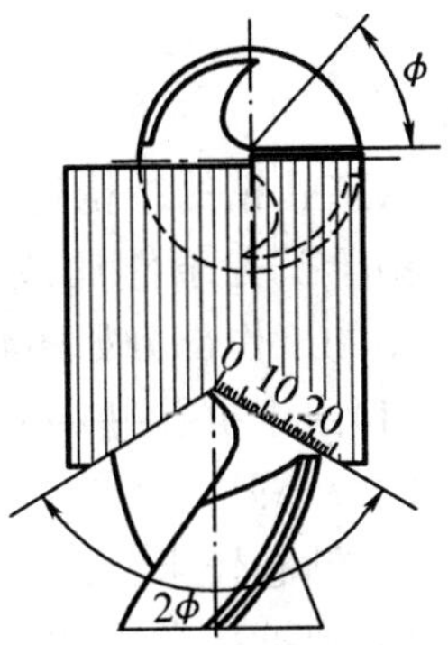

图 4－9　用样板检查钻头刃磨角度

第二节　扩　　孔

一、扩孔概念

用扩孔工具将工件上已加工孔径扩大的操作称为扩孔。扩孔具有切削阻力小，产生的切屑小、排屑容易，避免了横刃切削所引起的不良影响的特点。扩孔公差可达 IT9～IT10 级，表面粗糙度可达 R_a 值 2.5～6.3，因此扩孔常作为铰孔前的预加工。

二、扩孔钻

1.扩孔钻的种类

扩孔钻按刀体结构可分为整体式和镶片式两种；按装夹方式可分为直柄、锥柄和套式三种，如图 4－10 所示。

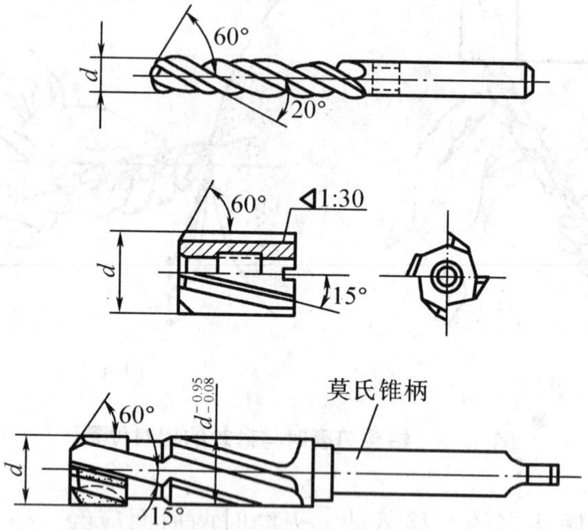

图 4－10　部分扩孔钻的结构

2.扩孔钻的结构特点

由于扩孔条件的改善，扩孔钻与麻花钻存在较大的不同。扩孔钻的工作部分如图4－11所示。

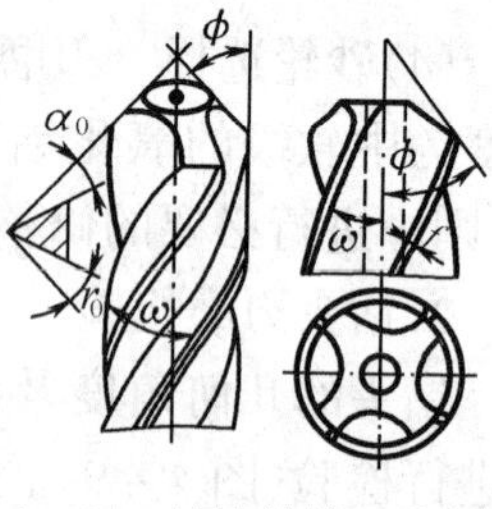

图 4－11　扩孔钻的工作部分

(1)由于扩孔钻中心不切削，因此没有横刃，切削刃只有外缘处的一小段。

(2)钻心较粗，可以提高刚性，使切削更加平稳。

(3)因扩孔产生的切屑体积小，容屑槽也浅，因此扩孔钻可做成多刀齿，以增强导向作用。

(4)扩孔时切削深度小，故切削角度可取较大值，使切削省力。

第三节　锪　　孔

一、锪孔的概念

用锪钻(或经改制的钻头)对工件孔口进行形面加工的操作称为锪孔。

二、锪孔钻的种类及结构特点

锪孔钻分柱形锪钻、锥形锪钻和端面锪钻三种。

1.柱形锪钻

柱形锪钻主要用于锪圆柱形埋头孔，其结构如图 4－12 所示。它前端结构有带导柱、不带导柱和带可换导柱之分。导柱与工件已有孔为间隙配合，起定心和导向作用。柱形锪钻的螺旋槽斜角就是它的前角($\gamma_0 = \beta_0 = 15°$)，后角 $\alpha_0 = 8°$。端面刀刃起主要切削作用。

2.锥形锪钻

锥形锪钻主要用于锪锥形埋头孔，其结构如图 4－13 所示。

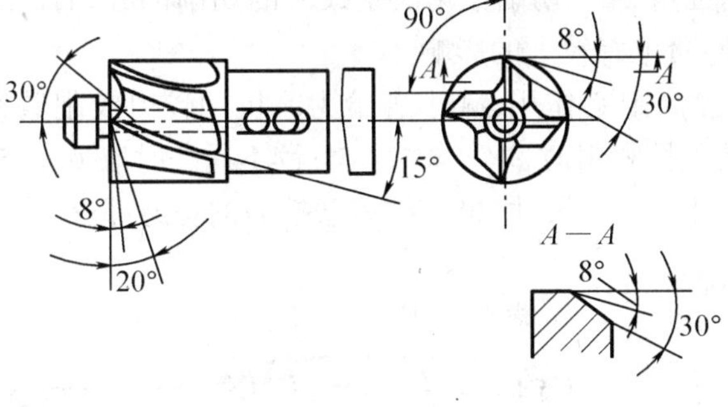

图 4 - 12 柱 形 锪 钻

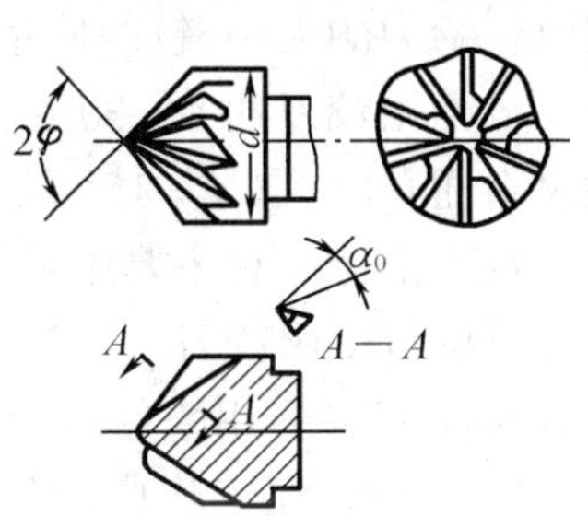

图 4 - 13 锥形锪钻

锥形锪钻的锥角按工件的不同加工要求,分为 60°,75°,90°,120°四种。锥形锪钻的前角 $\gamma_0 = 0°$,后角 $\alpha_0 = 6° \sim 8°$,齿数为 4 ~ 12 个。

3.端面锪钻

端面锪钻专门用于锪平孔口的端面。其端面刀齿为切削刃,前端的导柱起定心与导向的作用,以保证孔的端面与孔中心线的垂直度。

第四节 铰 孔

一、铰孔的概念

用铰刀从工件孔壁上切除微量的金属层,以提高孔的尺寸精度、降低表面粗糙度的加工方法称为铰孔。铰孔属于对孔的精加工,一般铰孔的尺寸公差可达到 IT7 ~ IT9 级,表面粗糙度可达 1.6 μm。

二、铰刀的种类及结构特点

1.铰刀的种类

铰刀按刀体结构可分为整体式铰刀、焊接式铰刀、镶齿式铰刀和装配可调式铰刀;按外形可分为圆柱铰刀和圆锥铰刀;按使用场合可分为手用铰刀和机用铰刀。按刀齿形式可分为直齿铰刀和螺旋齿铰刀;按柄部形状可分为直柄铰刀和锥柄铰刀。部分铰刀的形状如图 4 - 14 所示。

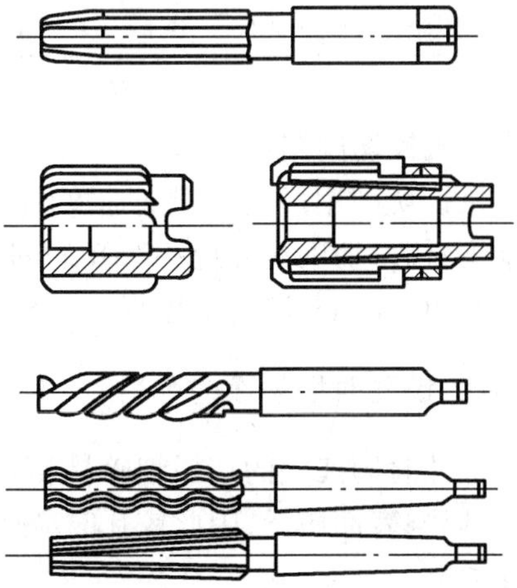

图 4 - 14 部分铰刀的形状

2.铰刀的结构特点

(1)柄部 它是用来装夹、传递扭矩和进给力的部分,有直柄和锥柄两种。

(2)颈部 它是磨制铰刀时供砂轮退刀用的,同时也是刻制商标规格的地方。

(3)工作部分

工作部分又分为切削部分和校准部分。刀齿数一般为 6 ~ 16 齿,可使铰刀切削平稳、导向性好。为克服铰孔时出现的周期性振纹，手用铰刀采用不等距分布刀齿的方法。

①切削部分　在切削部分磨有切削锥角 2ϕ。切削锥角决定铰刀的切削部分和长度，对切削时进给力的大小、铰削质量和铰刀寿命也有较大的影响。

一般手用铰刀的 $\phi = 30' \sim 1°30'$，以提高定心作用，减小进给力。机用铰刀铰削碳钢及塑性材料通孔时，取 $\phi = 15°$；铰削铸铁及脆性材料时，取 $\phi = 3° \sim 5°$；铰不通孔时取 $\phi = 45°$。

②校准部分　它主要用于导向和校准铰孔的尺寸，也是铰刀磨损后的备磨部分。

3.可调节手用铰刀

普通铰刀主要用来铰削标准系列的孔。在单件生产和修配工作中，经常需要铰削非标准的孔，此时应采用可调节手用铰刀(图 4－15)，通过调节两端的螺母，使楔形刀片沿刀体上的斜底槽移动，以改变铰刀的直径尺寸。

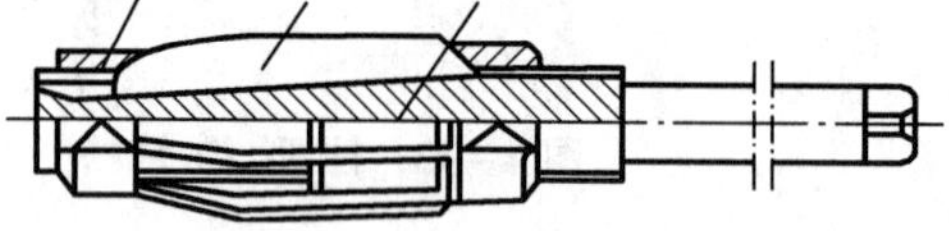

图 4－15　可调节手用铰刀

三、铰削用量

1.铰削余量

铰削余量是指上道工序(钻孔或扩孔)留下的直径方向上的加工余量。铰削余量不宜过大，因为铰削余量过大，会使铰刀刀齿负荷增大，加大切削变形，使工件被加工表面产生撕裂纹，降低尺寸精度，增大表面粗糙度数值，同时也会加速铰刀的磨损。但铰削余量也不宜过小，否则上道工序残留的变形难以纠正，无法保证铰削质量。

选择铰削余量时，应考虑孔径尺寸、工件材料、精度和表面粗糙度的要求、铰刀类型以及上道工序的加工质量等因素的综合影响。具体选择条件参见表 4－1。

表 4－1　铰削余量的选用

铰刀直径/mm	＜8	8～20	21～32	33～50	51～70
铰削余量/mm	0.1	0.15～0.25	0.25～0.3	0.35～0.5	0.5～0.8

2.机铰切削用量

机铰切削用量包括切削速度和进给量。当采用机动铰孔时，应选择适当的切削用量。铰削钢材时，切削速度应小于 8 m/min，进给量控制在 0.4 mm/r；铰削铸铁材料时，切削速度应小于 10 m/min，进给量控制在 0.8 mm/r。

四、铰孔时切削液的选用

铰孔时因产生的切屑细碎易黏附在刀刃上或挤在铰刀与孔壁之间，会使孔壁表面产生划痕，影响表面质量，因此铰孔时应选用适当的切削液进行清洗、润滑和冷却。选用原则见表 4－2。

表 4－2　铰孔时切削液的选用

工件材料	切　削　液
钢材	1. 10%～20%乳化液 2.铰孔精度要求较高时,采用30%菜油加70%乳化液 3.高精度铰孔时,用菜油、柴油、猪油
铸铁	1.可以不用 2.燃油,但会引起孔径缩小,最大收缩量可达0.02～0.04 mm 3.低浓度乳化液
铜	1. 2号锭子油 2.菜油
铝	1. 2号锭子油 2. 2号锭子油与蓖麻油的混合油 3.煤油与菜油的混合油

五、铰孔的操作方法

铰孔方法分为手动铰孔和机动铰孔两种。

1.铰刀选用

铰孔时,首先要使铰刀的直径规格与所铰孔相符合,其次还要确定铰刀的公差等级。标准铰刀的公差等级分为h7、h8、h9三个级别。对于铰削精度要求较高的孔,必须对新铰刀进行研磨,然后再进行铰孔。

2.铰削操作方法

(1)在手动起铰时,应用右手在沿铰孔轴线的方向上施加压力,左手转动铰刀。两手用力要均匀、平稳,不应施加侧向力,保证铰刀能够顺利引进,避免孔口成喇叭形或孔径扩大。

(2)在铰孔过程中和退出铰刀时,为防止铰刀磨损及切屑挤入铰刀与孔壁之间,划伤孔壁,铰刀不能反转。

(3)铰削不通孔时,应经常退出铰刀,清除切屑。

(4)机铰时,应尽量使工件在一次装夹过程中完成钻孔、扩孔、铰孔的全部工序,以保证铰刀中心与孔的中心的一致性。铰孔完毕后,应先退出铰刀,然后再停车,以防止划伤孔壁表面。

第五章　攻丝和套丝

第一节　螺　　纹

一、螺纹的种类和用途

螺纹分类的方法很多，按用途可分为紧固螺纹、密封螺纹、管螺纹、传动螺纹、专用螺纹等；按牙型可分为梯形螺纹、三角形螺纹、锯齿形螺纹、圆弧螺纹、短牙螺纹、60°螺纹、55°螺纹等；按配合性质和形式分为过度配合螺纹、过盈配合螺纹、间隙配合螺纹、“锥－锥”配合螺纹、“柱－锥”配合螺纹、“柱－柱”配合螺纹等；按螺距和直径大小分为粗牙螺纹、细牙螺纹、超细牙螺纹、小螺纹等；按单位分为米制螺纹和英制螺纹等。常用标准螺纹的分类和用途见表5－1。

表5－1　常用螺纹的种类和用途

螺纹种类		名称及代号			用　途
常用螺纹	三角螺纹	普通螺纹	粗牙	M16－6g	应用最广，用于各种紧固件、连接件
			细牙	M30×2－6H	用于薄壁件连接或受冲击、振动及微调机构
		英制螺纹		3/16	牙型有55°、60°两种，用于进口设备维修备件
	管螺纹	55°圆柱管螺纹		$R_p3/4$	用于水、油、气和电线管路系统
		55°圆锥管螺纹		ZG2	适用于高温高压结构的管子、管接头的螺纹密封
		60°锥形螺纹		Z3/8	用于气体或液体管路的螺纹连接
	梯形螺纹			Tr32×6－7H	广泛用于传力或螺旋传动中
	锯齿形螺纹			S70×10	用于单向受力的连接

二、螺纹要素

螺纹要素包括螺纹牙型、大径、螺距（或导程）、线数、螺纹公差带、旋向和旋合长度等。

1.普通螺纹的基本牙型

按GB/T196－2003规定在通过螺纹轴线的剖面上，螺纹的轮廓形状称为螺纹牙型。按规定的削平高度削去原始三角形的顶部和底部所形成的内、外螺纹共有的理论牙型称为基本牙型，有三角形、矩形、梯形、锯齿形等牙型，如图5－1所示。

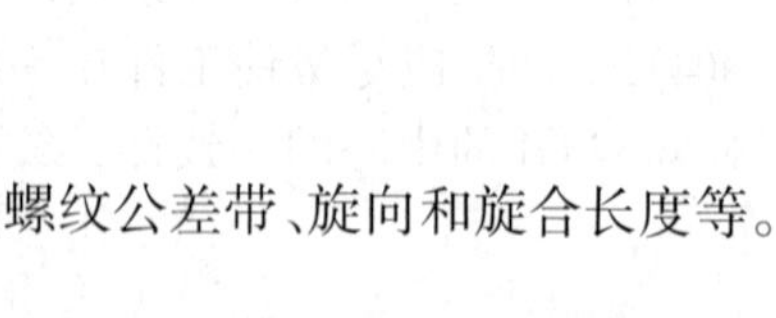

图5－1　普通螺纹的基本牙型

2.大径

螺纹大径是指代表螺纹尺寸的直径，如外螺纹的牙顶直径和内螺纹的牙底直径。

3.旋向

螺纹的旋向有左旋或右旋。逆时针旋转时旋入的方向为左旋,顺时针旋转时旋入的方向为右旋。

4.线数

线数是在同一圆柱面上切削螺纹的线数。只切削一条的称为单线螺纹;切削两条的称为双线螺纹;切削两条以上的称为多线螺纹。

5.螺距和导程

相邻两牙在中径线上对应两点间的轴向距离称为螺距。同一条螺旋线上相邻两牙对应两点间的距离称为导程。单线螺纹的螺距和导程相同,而多线螺纹的螺距等于导程除以线数。在螺纹的要素中,牙形、大径和螺距是决定螺纹最基本的要素,称为螺纹三要素。凡螺纹三要素符合标准的称为标准螺纹。螺纹的线数和旋向,如果没有特别注明,则为单线右旋螺纹。

三、普通螺纹的基本尺寸

普通螺纹的基本尺寸,按照 GB/T14791 - 1993 规定,计算公式如下

$$H = 0.866p$$

$$h = 0.541\ 3p$$

$$D_2(d_2) = D - 0.649\ 5p$$

$$D_1(d_1) = D - 1.082\ 5p$$

$$r = 0.144\ 3p$$

式中 H——牙型理论高度,mm;

p——螺距,mm;

D——大径,mm;

$D_1(d_1)$——小径,mm;

h——工作高度,mm;

$D_2(d_2)$——中径,mm;

r——圆角半径,mm。

第二节 攻 丝

用丝锥在工件孔中削出内螺纹的加工方法称为攻螺纹,即攻丝。

一、螺纹底孔直径的确定和加工

1.三角螺纹底孔直径的确定

攻螺纹时,丝锥在切削金属的同时,还伴随较强的挤压作用。由于金属产生塑性变形形成凸起并挤向牙尖,使攻出螺纹的小径小于底孔直径,因此攻螺纹前的底孔直径应稍大于螺纹的小径,否则攻螺纹时因挤压作用,会使螺纹牙顶与丝锥牙底之间没有足够的容屑空间,将丝锥箍住,甚至折断丝锥。此种现象在攻塑性较大的材料时将更为严重。但是底孔直径也不宜过大,否则会使螺纹牙型高度不够,降低强度。底孔直径大小要根据工件材料塑性大小及钻孔扩张量考虑,按经验公式计算如下。

(1)在加工钢和塑性较大的韧性材料及扩张量中等的条件下

$$D_Z = D - p$$

式中 D_Z——攻螺纹钻螺纹底孔用钻头直径,mm;

D——螺纹大径,mm;

P——螺距,mm。

(2)在加工铸铁和塑性较小的脆性材料及扩张量较小的条件下

$$D_Z = D - (1.-5 \sim 1.1)p$$

常用的粗牙、细牙普通螺纹攻螺纹钻底孔用钻头直径也可以从表 5-2 中查得。

表 5-2 攻普通螺纹钻底孔的钻头直径

螺纹直径 d	螺距 p	钻头半径 D_Z 铸铁、青铜、黄铜	钻头半径 D_Z 钢、可锻铸铁、纯铜
2	0.4 0.25	1.6 1.75	1.6 1.75
3	0.5 0.35	2.5 2.65	2.5 2.65
4	0.7 0.5	3.3 3.5	3.3 3.5
5	0.8 0.5	4.1 4.5	4.2 4.5
6	1 0.75	4.9 5.2	5 5.2
8	1.25 1 0.75	6.6 6.9 7.1	6.7 7 7.2
10	1.5 1.25 1 0.75	8.4 8.6 8.9 9.1	8.5 8.7 9 9.2

螺纹直径 d	螺距 p	钻头半径 D_Z 铸铁、青铜、黄铜	钻头半径 D_Z 钢、可锻铸铁、纯铜
12	1.75 1.5 1.25 1	10.1 10.4 10.6 10.9	10.2 10.5 10.7 11
14	2 1.5 1	11.8 12.4 12.9	12 12.5 13
16	2 1.5 1	13.8 14.4 14.9	14 14.5 15
18	2.5 2 1.5 1	15.3 15.8 16.4 16.9	15.5 16 16.5 17
20	2.5 2 1.5 1	17.3 17.8 18.4 18.9	17.5 18 18.5 19

2.螺纹底孔的加工要求

(1)螺纹底孔直径公差应符合国家标准。

(2)底孔的表面粗糙度值应小于 $R_a = 6.3\ \mu m$。

(3)底孔的中心线应垂直于零件端面及轴线。

(4)底孔孔口应倒角 45°,深度为 $P \sim 1.5P$。

(5)攻不通螺纹底孔时,底孔深度要大于需要的螺纹深度。其深度可按下式确定

$$h_a = h + 0.7D$$

式中 h——所需螺纹深度,mm;

D——螺纹大径,mm。

二、丝锥的结构和种类

丝锥是加工内螺纹用的工具,常用高速钢、碳素工具钢或合金工具钢制成。

1.丝锥的结构

丝锥的结构如图5-2所示。丝锥由工作部分(包括切削部分和校准部分)和柄部组成。其几何参数如下。

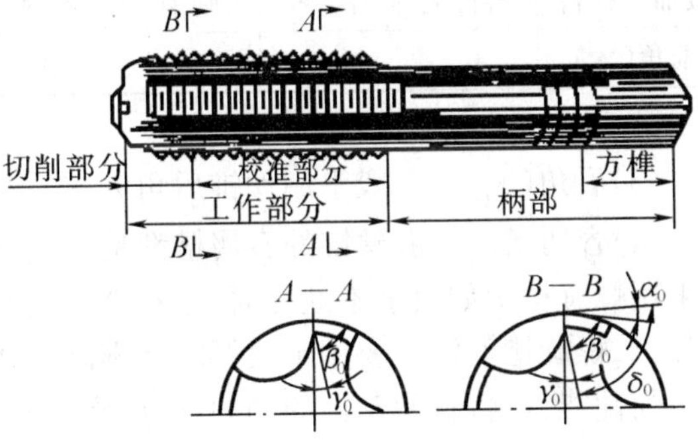

图5-2 米制普通螺纹丝锥结构

(1)切削锥角 它的大小决定了丝锥每一个齿切削力的大小。为了减小每个齿的切削力,在攻通孔时,总是设法减小切削锥角,让更多的齿参加切削。切削锥角小,则攻螺纹时自动导向和对中性能好,可提高攻螺纹质量。所以,机动攻通孔的丝锥,切削锥角都较小,但攻不通孔螺纹时,为了保证有效螺纹长度,切削锥角一般不超过两扣螺纹的长度。切削锥角大小可参阅表5-3和表5-4。

表5-3 手用丝锥每组支数和切削锥角

一组丝锥的支数	锥 别	适用范围	切削角 ϕ
1	单锥	$p \leq 2.5$ mm(通孔)	4°30′(≈8牙)
		$p \leq 2$ mm(不通孔)	11°30′(≈3牙)
2	1锥	$p \leq 2.5$ mm	6°(≈6牙)
	2锥		17°(≈2牙)
3	1锥	$p > 2.5$ mm	4°30′(≈8牙)
	2锥		7°(≈5牙)
	3锥		17°(≈2牙)

表5-4 机用丝锥支数和切削锥角

一组丝锥的支数	锥 别	适用范围	切削角 ϕ
1	单锥	$p \leq 2.5$ mm(通孔)	4°30′(≈8牙)
		$p \leq 2$ mm(不通孔)	11°30′(≈3牙)
2	1锥	$p \leq 2.5$ mm	7°(≈5牙)
	2锥		17°(≈2牙)
3	1锥	$p > 2.5$ mm	6°(≈6牙)
	2锥		8°30′(≈4牙)
	3锥		17°(≈2牙)

(2)丝锥前角(γ_0)　它的大小主要根据加工材料的性质决定。一般可根据表5-5所列数据选用。

表5-5　丝锥前角 γ_0 的选用

被加工材料	铸青铜	铸铁	硬钢	黄钢	中碳钢	低碳钢	不锈钢	铝及铝合金
前角(γ_0)	0°	5°	5°	10°	10°	15°	15°~20°	20°~30°

(3)后角(α_0)　一般手用丝锥后角为4°~8°,机用丝锥后角为10°~12°。

(4)容屑槽　一般丝锥的容屑槽都是直槽,因为直槽制造和修理都方便,有特别需要时才采用螺旋槽。如攻削不通孔时,用右螺旋槽丝锥,可使切屑向上排出,避免刮伤螺纹表面。实际上,螺旋槽丝锥主要用于攻要求特别高或孔中带有槽、沟的螺纹孔。为了改善直槽丝锥的切削性能,可将直槽丝锥的切削部分,修磨出负刃倾角 $\lambda_s=-5°\sim-15°$,不仅有利于切屑向下排除,而且可使丝锥前角增大,改善了切削部分的切削性能,但这种丝锥多用于攻通孔。

2.丝锥的种类

丝锥按加工螺纹的种类不同分为普通三角螺纹丝锥、圆柱管螺纹丝锥和圆锥管螺纹丝锥;按加工方法分为机用丝锥和手用丝锥。

(1)手用普通螺纹丝锥　它分粗牙、细牙两种,可攻通孔或不通孔螺纹,公称直径1~27 mm,柄部呈圆柱形,末端有方榫,每组支数参阅表5-3。实际上,工厂使用的普通螺纹丝锥,大多数为一支或两支一组,三支一组的已很少采用。

按照结构丝锥又可分为等径丝锥和不等径丝锥。成组等径丝锥,每支直径完全相等,仅仅是切削锥角不等。攻通孔时,用头锥一次即可加工好螺纹孔,二锥或三锥只作校正用。但攻不通孔时,用二锥或三锥可增加螺纹有效长度。等径三锥多用于小直径的螺纹孔加工,由于它是一次加工成形,因此螺纹孔的精度和表面粗糙度都比较差。

不等径丝锥的头锥和二锥直径不等(包括大径、中径、小径),切削锥角也不等。不等径丝锥切削量分配较合理,两支一组的丝锥切削量分配为7.5:2.5,因此攻螺纹时比较省力,但丝锥顺序不能搞错,最后必须用末锥攻削才能得到正确的螺纹直径。由于末锥切削量较小,故不等径丝锥可以加工出要求较高的螺纹孔。这种丝锥一般用于大直径的螺纹孔加工,但在航空工业产品中,许多小螺纹孔要求较高,也常采用不等径丝锥。

(2)机用普通螺纹丝锥　它的结构与手用螺纹丝锥基本相同,分粗牙和细牙两种,用于攻削批量较大或直径较大的螺纹孔。攻通孔时,机用丝锥的切削锥角特别小,可改善切削性能。攻不通孔的丝锥,其切削锥角与手用丝锥末锥基本相同。

3.丝锥的选用

丝锥有机用丝锥和手用丝锥两种。机用丝锥是指高速钢磨牙丝锥,其螺纹公差带为H1、H2和H3三种。手用丝锥是指碳素工具钢的滚牙丝锥,螺纹公差带为H4。丝锥各种公差带所能加工的螺纹精度见表5-6。

表 5－6

丝锥公差带代号	H1	H2	H3	H4
适用加工内螺纹公差带等级	5H,4H	6H,5H	7G,6H,6G	7H,6H

三、手动攻螺纹

在实际生产中,由于手动攻螺纹操作方便,适应范围广,特别对较大或较小直径的螺纹,或者由于加工材料韧性大、强度高,一般都采用手动攻螺纹。手动攻螺纹时的注意事项和操作方法如下。

(1)工件的装夹要正　一般情况下,应将需要攻螺纹的一面,置于水平或垂直位置,以便判断丝锥是否垂直于工件。

(2)丝锥应放正　攻螺纹时,用力要均匀并保持丝锥与螺纹孔端面垂直。其垂直程度可凭借眼力观察,必要时使用角尺检查。

(3)正确选用切削液　特别在加工塑性材料时,要经常保持足够的切削液。常用的切削液见表 5－7。

表 5－7　攻螺纹用的切削液

工件材料及螺纹精度		切　削　液
钢	精度要求一般	20# 全损耗系统用油、乳化油
	精度要求较高	菜油、二硫化钼、豆油
不　锈　钢		30# 全损耗系统用油、黑色硫化油、豆油
灰铸铁	精度要求一般	不　用
	精度要求较高	煤　油
可锻铸铁		乳化油
黄铜、青铜		全损耗系统用油
纯铜		浓度较高的乳化油
铝及铝合金		全损耗系统用油加适当煤油或浓度较高的乳化油

(4)扳动铰杠时,以每次旋转 1/2 圈为宜,每次旋进后应反转 1/4 或 1/2 行程,以折断切屑,便于排出,减少切削刃粘屑现象,保持锋利的刃口,而且可以使切削液顺利进入切削区,提高攻螺纹质量。

(5)攻削时,如感到很费力,切不可强行转动,可用二锥与头锥交替进行攻螺纹。有时攻螺纹攻到中途,丝锥无法进退,这时应设法用小钢丝和压缩空气将切屑清除并加上润滑油,将铰杠降至孔口处将丝锥夹住,小心地退出丝锥。

(6)用成组丝锥攻螺纹时,在头锥攻完后,先用手将二锥或三锥旋进螺纹,再使用铰杠操作,以防产生乱牙现象。

(7)攻削不通孔的螺纹时,要经常把丝锥退出,清除切屑,以保证螺纹有效长度。

(8)参照表 5－8 正确选用铰杠长度。在攻 N4 以下的小螺纹时,最好用自制固定式短柄小铰杠,避免因切削力矩过大使丝锥折断。

表 5-8

铰杠规格	150 mm	230 mm	280 mm	380 mm	480 mm	600 mm
适用丝锥范围	M4 ~ M8	M7 ~ M12	M12 ~ M14	M13 ~ M16	M15 ~ M22	M24 以上

(9)丝锥用完后,要擦洗干净,涂上防锈油,隔开保管。

四、攻螺纹时常用的方法及工具

攻螺纹中,造成废品的主要原因是丝锥与底孔的轴线不重合。攻螺纹时,常用的方法有以下两种。

(1)钻底孔与攻螺纹一次装夹完成　对于单件手攻螺纹时,应钻完底孔后,在钻床上用钻夹头夹一个60°的圆锥体,顶住丝锥柄部中心孔后先用铰杠攻几扣,保证垂直,然后再卸下零件,手攻螺纹。机攻时,钻完底孔后,换机用丝锥直接攻螺纹。

(2)采用校正丝锥垂直的工具　对于数量较多的零件攻螺纹,为了保证攻螺纹质量,提高效率,常采用校正丝锥垂直的工具。攻螺纹常用的工具如图 5-4 所示。

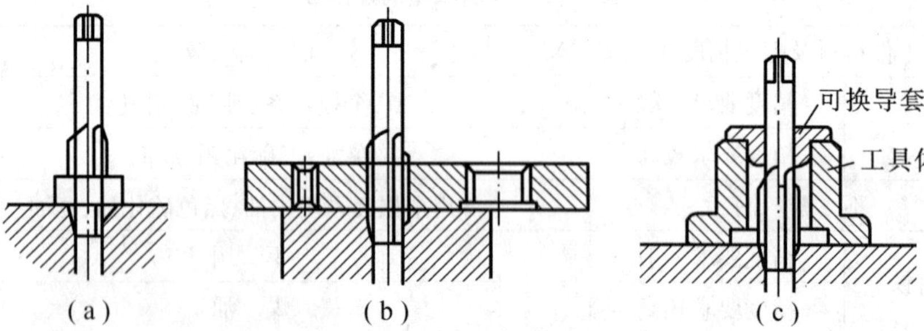

图 5-4　校正丝锥垂直的工具

(a)利用英制螺母校正丝锥;(b)板形多孔校正丝锥工具;(c)可换导套多用校正丝锥工具

五、攻螺纹中丝锥折断的取出方法

在取出断丝锥前,应先把孔中的切屑和丝锥碎屑清除干净,以防轧在螺纹与丝锥之间而阻碍丝锥的退出。

(1)用振动法取出尚露出于孔口或接近孔口的断丝锥。具体方法是用一冲子或弯尖錾子,抵在丝锥的容屑槽内,顺着螺纹圆周的切线方向,轻轻地正反方向反复敲打,直到丝锥有了松动,就能顺利地取出断丝锥。

(2)用弹簧钢丝插入断丝锥槽中,把断丝锥旋出。其方法是在带方榫的断丝锥上,旋上二个螺母,把弹簧钢丝塞进二段丝锥和螺母间的空槽内,然后用铰杠向退出方向扳动断丝锥的方榫,带动钢丝,便可把断丝锥旋出。

(3)使用专门工具旋出断丝锥。由钳工按丝锥的槽型及大小制造旋出断丝锥的工具,如图 5-5 所示。

(4)用气焊在断丝锥上焊上一个六角螺栓，然后按退出方向扳动螺栓，把断丝锥旋出。

(5)将断丝锥用气焊退火，然后用钻头把断丝锥钻掉。

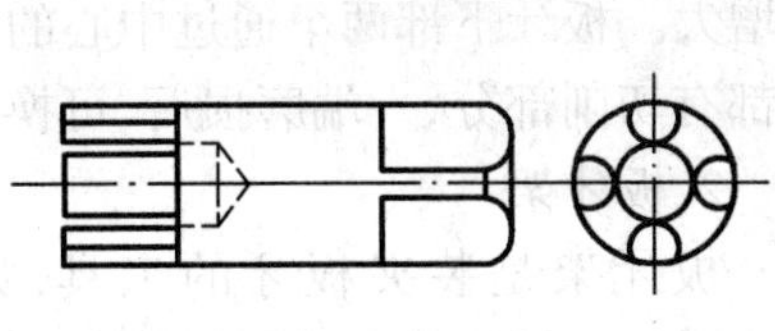

图 5-5　旋出断丝锥的工具

6)用腐蚀法取出断在不锈钢零件中的断丝锥。由于不锈钢零件耐硝酸腐蚀，而由高速钢制成的丝锥在硝酸溶液中却能很快地受到腐蚀，所以便于取出。

(7)用电脉冲加工机床，将断丝锥电蚀掉，或用线切割机床将断丝锥切碎。

第三节　套　　丝

套丝，即套螺纹是用板牙切出外螺纹的操作。

一、套螺纹工具

1.板牙

板牙是加工外螺纹的工具。它用合金工具钢或高速钢制作并经淬火处理。板牙就像一个圆螺母，只是在它上面有几个排屑孔并形成刀刃。图 5-6 所示为板牙的结构，它由切削部分、校准部分和排屑孔组成。

切削部分是板牙两端有切削锥角(2ϕ)的部分。它不是一个圆锥面(若是圆锥面，则后角 $\alpha_0=0°$)，而是经过铲磨而成的阿基米德螺旋面，能形成后角 $\alpha_0=7°\sim9°$。板牙的前刃面为曲线形，因此前角的大小沿着切削刃而变化，如图 5-7 所示。小径处前角 γ_{d_0} 最大，大径处 γ_{d_0} 最小，一般 $\gamma_{d_0}=8°\sim12°$，粗牙 $\gamma_d=30°\sim35°$，细牙 $\gamma_d=25°\sim30°$。锥角的大小一般是 $\phi=20°\sim25°$。

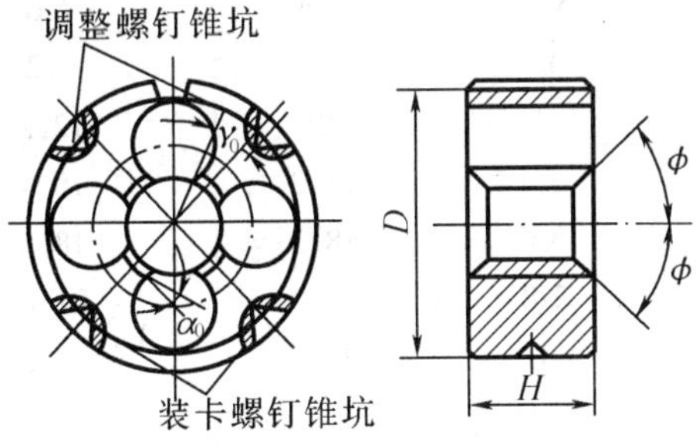

图 5-6　板　牙

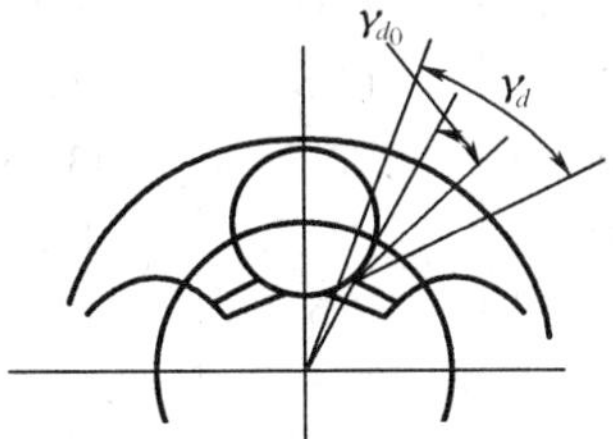

图 5-7　板牙的前角变化

板牙的中间一段是校准都分，也是套螺纹时的导向部分。板牙的校准部分因磨损会使螺纹尺寸变大而超出公差范围。因此，为延长板牙的使用寿命，M3.5 以上的板牙，其外圆上有一条 V 形槽(图 5-6)，起调节板牙尺寸的作用。当尺寸变大时，将板牙沿 V 形槽用锯片砂轮切割一条通槽，用板牙架上(图 7-8)的两个螺钉顶入板牙上面的两个偏心的锥孔坑内，使板牙尺寸缩小，其调节范围为 0.1 ~ 0.5 mm。上面两个坑之所以要偏心，是为了使紧定螺钉拧紧时与锥坑单边接触，使板牙尺寸缩小。若在 V 形槽开口处旋入螺钉能使板牙尺寸增大。板牙下部两个通过中心的螺纹孔，是用紧定螺钉固定板牙并传递扭矩的。板牙两端都有切削部分，一端磨损后，可换另一端使用。

2.板牙架

板牙架是装夹板牙的工具，如图5-8所示。板牙放入后用螺钉紧固。

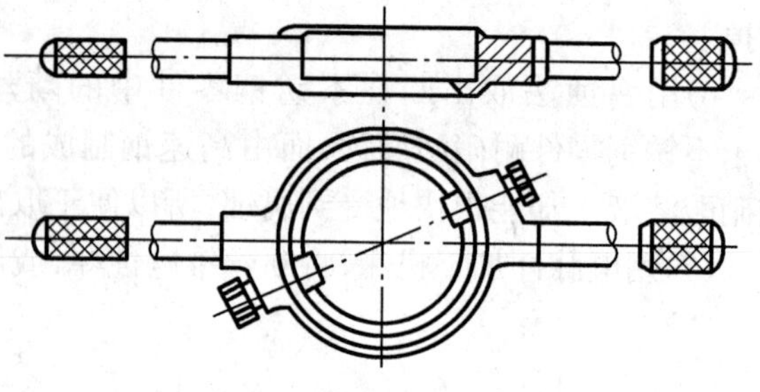

图5-8 板 牙 架

二、套螺纹的操作方法

1.套螺纹前圆杆直径的确定

用板牙在工件上套螺纹时，与攻螺纹一样，材料同样会因受挤压而变形，所以圆杆直径应稍小于螺纹大径尺寸，其尺寸可按下列公式计算

$$D = d - 0.13p$$

式中 D——圆杆直径，mm；

d——螺纹大径，mm；

p——螺距，mm。

圆杆直径也可由表5-9查得。

表5-9

单位：mm

粗牙普通螺螺纹				英制螺纹		
螺纹直径	螺距	螺杆直径		螺纹直径/英寸	螺杆直径	
		最小直径	最大直径		最小直径	最大直径
M6	1	5.8	5.9	1/4	5.9	6
M8	1.25	7.8	7.9	5/16	7.4	7.6
M10	1.55	9.75	9.85	3/8	9	9.2
M12	1.75	11.75	11.9	1/2	12	12.2
M14	2	13.75	13.85	5/8	15.2	15.4
M16	2	15.7	15.85	3/4	18.3	18.5
M18	2.5	17.7	17.85	7/8	21.4	21.6
M20	2.5	19.7	19.85	1	24.5	24.8
M22	2.5	21.7	21.85	11/4	30.7	31
M24	3	23.65	23.8	11/2	37	37.3

2.套螺纹的操作要点

(1)为了使板牙容易对准工件和切入材料，圆杆端部应倒成15°~20°的倒角，如图5-9所示，锥体的最小直径比螺纹小径小。

(2)套螺纹时，应保持板牙的端面与圆杆轴线垂直。

(3)套螺纹时切削力矩很大，圆杆用铜、铝V型块或厚铜板作衬垫，才能夹紧，如图5-10所示。圆杆套螺纹部分离钳口也应尽量近些。

(4)开始套螺纹时为了使板牙切入工件,要在转动板牙的同时施加轴向压力,转动要慢,压力要大。待板牙已旋入切出螺纹时,就不要再加压力,以免损坏螺纹和板牙。

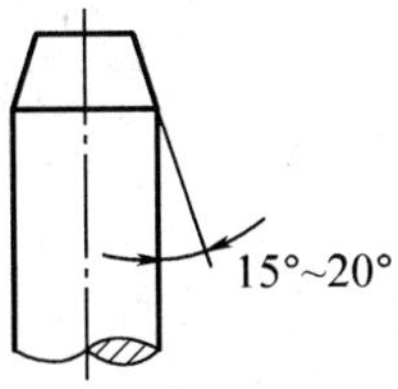

图 5-9　套螺纹时圆杆的倒角

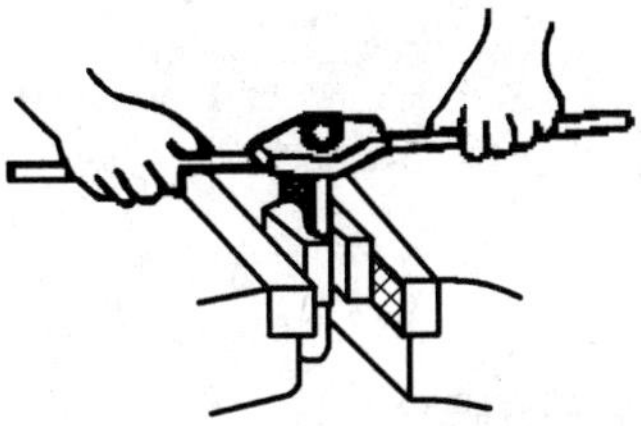

图 5-10　夹紧圆杆的方法

(5)套螺纹过程中,要不断地逆转板牙架断屑,避免烂牙。

(6)在钢料上套螺纹要加切削液,以减小螺纹的表面粗糙度值、延长板牙使用寿命。

(7)一般加乳化液或全损耗系统用油,要求较高时用菜油或二硫化钼。

第六章　矫正、弯曲

第一节　矫　　正

一、矫正的概念

消除金属板材、型材的不平、不直或翘曲等缺陷的操作称为矫正。它分为手工矫正和机械矫正两种。手工矫正是钳工用手工工具在平台、铁砧或台钳上进行的，它包括扭转、延伸、伸张等操作。机械矫正是在矫直机、压力机上进行的。这里着重介绍手工矫正。

二、矫正的工具

1.平板和铁砧

平板和铁砧用来作矫正的基座。

2.软、硬手锤，V形铁，压力机和矫直机

对于已加工面、薄钣件和有色金属制件，均采用软手锤，如铜锤、铅锤、木锤和硬质胶锤等进行矫正。压力机和矫直机常用于矫直轴类零件或棒料。

3.抽条和拍板

抽条是采用条状薄钣料弯成的简易工具，用于抽打较大面积的薄料板(图6-1)。拍板是用质地较硬的檀木制成的专用工具，用于敲打或推压板料。

4.检验工具

矫正的检验工具包括平板、直角尺、直尺和百分表等。

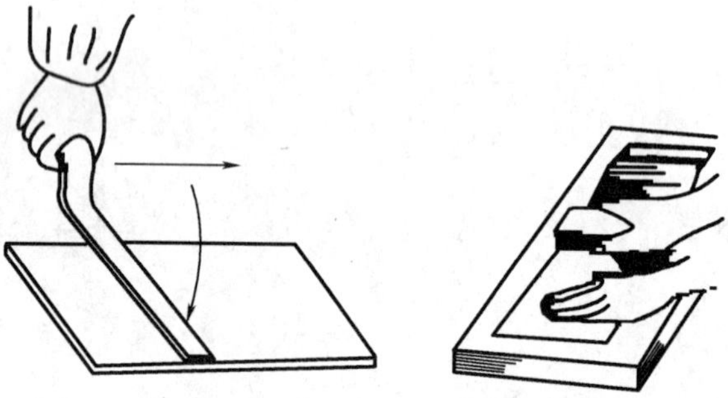
(a)　　(b)

图6-1　抽条和拍板

(a)用抽条抽平钣料;(b)用拍板敲打、推压钣料

三、矫正方法

金属薄钣(厚度小于4 mm的钣材)和厚钣(厚度大于4 mm的钣材)的矫正方法不同。薄钣最容易发生中部凸起、边缘呈波浪形以及翘曲等变形，采用延展法矫正。

1.薄钣中间凸起

这是由于变形后中间钣料变薄引起的。矫正时可捶击钣料边缘，使边缘钣料延展变薄，其厚度与凸起部位的厚度愈趋近则愈平整。捶击时，由里向外逐渐由轻到重，由稀到密(图6-2(a))，这样才能使凸起部位逐渐消除，最后达到平整要求。如果直接捶击凸起部位，则会使凸起的部位变得更薄，这样达不到矫平的目的，反而使凸起更为严重。

2.薄钣表面有相邻几处凸起

应先在凸起的交界处轻轻捶击，使几处凸起合并成一处，然后再捶击四周而矫平。

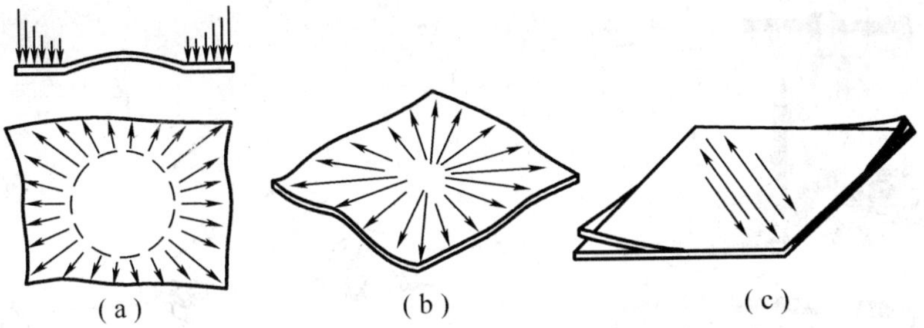

图 6-2 薄钣的矫平

(a)中间凸起;(b)边缘成波纹状;(c)对角翘

3.薄钣四周呈波纹状

这说明钣料四边变薄而伸长了(图 6-2(b))。捶击点应从中间向四周,按图中箭头所示方向,力量逐渐减小,密度逐渐变稀,经反复多次捶打,使钣料达到平整。

4.薄钣发生翘曲等不规则变形

如图 6-2(c)所示,当对角翘曲时,就应沿另外没有翘曲的对角线捶击,使其延展而矫平。

5.薄钣有微小扭曲

可用抽条从左到右抽打平面(图 6-1(a)),因抽条与钣料接触面积较大,受力均匀,容易达到平整。

6.钣料是铜箔、铝箔等薄而软的材料

可用平整的木块,在平板上推压钣料的表面,使其达到平整,也可用木锤或橡皮锤捶击。

7.用氧-乙炔切割下的钣料

边缘在气割过程中冷却较快,收缩严重,造成切割下钣料不平。这种情况也应捶击边缘气割处,使其得到适量的延展。捶击点在边缘处重而密,第二、三圈应轻而稀,逐渐达到平整。

8.厚板矫正

由于厚板刚性好,可采用捶击法,用锤直接捶击凸处,使其纤维受压缩变短而达到矫平。

四、棒类、轴类零件的矫直

棒类和轴类零件的变形主要是弯曲。一般是用弯曲的方法矫直。矫直前,应先检查零件的弯曲程度和弯曲部位,并做好记号,然后使凸部向上,用手锤连续捶击凸处。这样棒料上层金属受压力缩短,下层金属受拉力伸长,使凸起部位逐渐消除。

直径较大的棒类、轴类零件的矫直,先把轴装在顶尖上,找出弯曲部位,然后放在 V 形铁上,用螺旋压力工具矫直(图 6-3)。压时可适当压过一些,以便铲除因弹性变形所产生的回翘,然后用百分表检查轴的弯曲情况。边矫直,边检查,直到符合要求为止。

五、线材矫直

卷曲的细条线料,可用伸张法矫直(图 6-4)。将卷曲的线料一端夹在台虎钳上,从钳口处的一端开始,把线在圆木上绕一圈,握住圆木向后拉,使线材伸张而矫直。

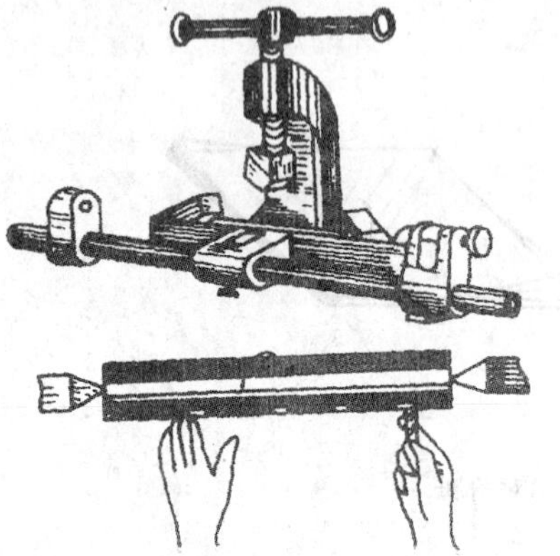

图 6-3 螺旋压力工具矫直轴类零件

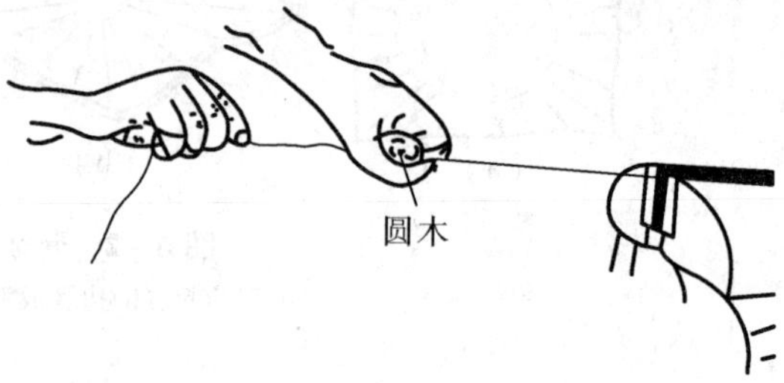

图 6-4 用伸张法矫直线料

第二节 弯　曲

一、弯曲的概念

将棒料、条料、钣料、管子等弯曲成所需要的形状叫做弯曲。弯曲使材料产生塑性变形，因此只有塑性好的材料才适合弯曲。图 6-5(a)是弯曲前的钢钣。图 6-5(b)是弯曲后的钢钣。它的外层伸长，如图中 $e-e$ 和 $d-d$；内层压缩，如图中 $a-a$ 和 $b-b$；而中间一层(图中 $c-c$)在弯曲时长度不变，这一层叫中性层。材料弯曲部分虽然发生了拉伸和压缩，但其断面面积保持不变。经过弯曲的工件，越靠近材料的表面金属，变形越严重，也就越容易出现拉裂或压裂现象。

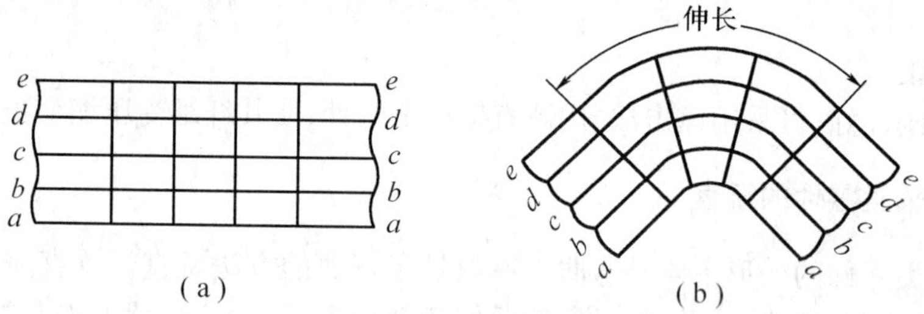

图 6-5 弯曲前后的钢钣

相同材料的弯曲，工件外层材料变形的大小，决定于工件的弯曲半径。弯曲半径越小，外层材料变形越大。为了防止弯曲件拉裂，必须限制工件的弯曲半径，使它大于导致材料开裂的临界弯曲半径——最小弯曲半径。最小弯曲半径的数值由实验确定。常用钢材的弯曲半径如果大于 2 倍的材料厚度，一般就不会被弯裂。如果工件的弯曲半径比较小，应用两次或多次弯曲，中间进行退火，避免弯裂。

二、弯曲前毛坯长度的计算

由于工件在弯曲后，只有中性层长度不变，因此在计算弯曲工件毛坯长度时，可以按中性层的长度计算。但材料弯曲后，中性层一般不在材料正中，而是偏向内层材料一边。经实验证明，中性层的实际位置与材料的弯曲半径 r 和材料厚度 t 有关。若材料厚度不变，则弯曲半径越大，变形越小，中性层越接近材料厚度的中间。若弯曲半径不变，则材料厚度越小，变形越小，中性层也越接近材料厚度的中间。因此在不同弯曲的情况下，中性层的位置是不同的，如图 6－6 所示。

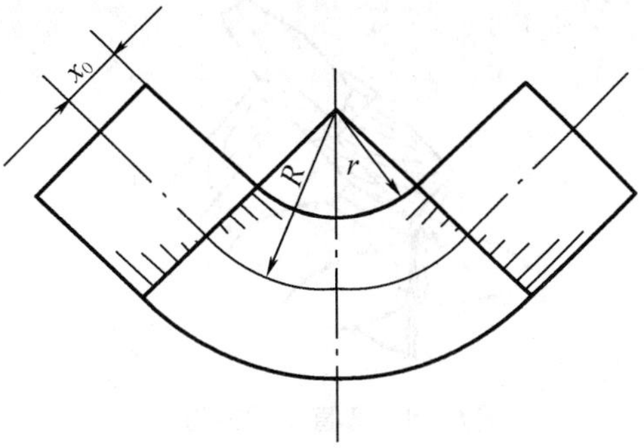

图 6－6　弯曲时中性层的位置

表 6－1　弯曲中性层位置系数 x_0

r/t	0.25	0.5	0.8	1	2	3	4	5	6	7	8	10	12	14	≥16
x_0	0.2	0.25	0.3	0.35	0.37	0.4	0.41	0.43	0.44	0.45	0.46	0.47	0.48	0.49	0.5

从表中 r/t 值可知，当 $r/t \geq 16$ 时，中性层在材料厚度的中间，因此在一般情况下，计算弯曲材料长度时，可以按中性层长度计算。

图 6－7 所示为常见的几种弯曲形式。图 6－7(a)、图 6－7(b)、图 6－7(c)为内边带圆弧的制件，图 6－7(d)为内边不带圆弧的直角制件。内边带圆弧制件的毛坏总长度等于直线部分长度和圆弧长度相加。

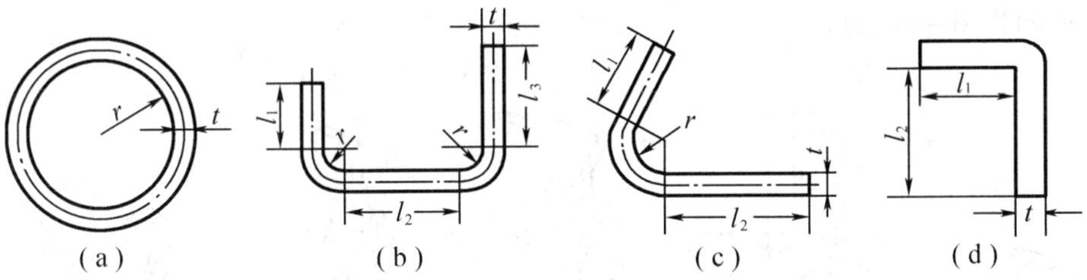

图 6－7　常见的几种弯曲形式

三、弯曲的一般方法

1.钣料的弯曲

钣料的弯曲分为冷弯和热弯两种。材料厚度在 5 mm 以下可冷弯，5 mm 以上需热弯。

(1)冷弯直角形工件　只要不是大批量生产，可在虎钳上用手工工具进行。事先在弯曲部分画好线，然后夹在虎钳上，使线和钳口平齐，用锤敲打根部。为避免打出锤印、保证弯曲准确，可用硬木块垫在弯角处，再用力敲打，弯成直角，如图 6－8 所示。如果虎钳钳口比工件短或深度不够时，可用角钢做的夹具夹持工件，如图 6－9 所示。

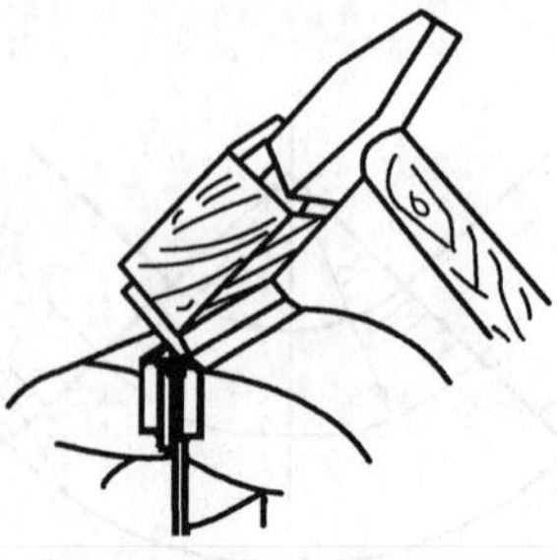

图 6-8　弯直角的方法

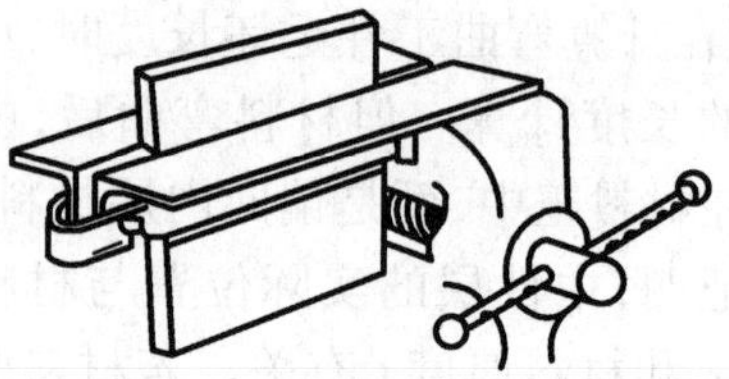

图 6-9　用角钢做的夹具

(2)弯弓形件　需做与工件形状、尺寸相适应的胎具，按工艺程序弯曲，如图 6-10(a)、图 6-10(b)和图 6-10(c)所示。

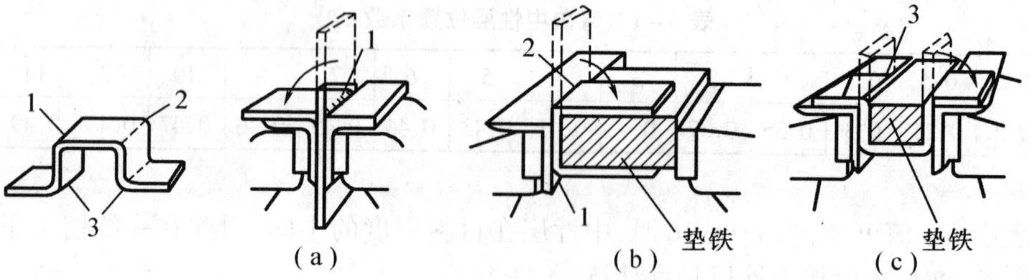

图 6-10　弯弓形件

(3)弯圆弧形工件　先在材料上划好线，按线夹在台虎钳的两块角铁衬里(图 6-11)，用方头手锤的窄头捶击，按图 6-11(a)、图 6-11(b)、图 6-11(c)三步成形，然后在半圆模上修整圆弧(图 6-11(d))。

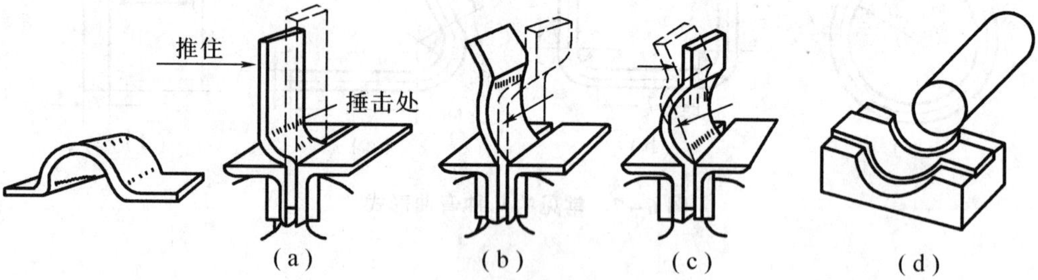

图 6-11　弯圆弧形工件

(4)弯圆弧和角度结合的工件　弯制图 6-12(a)所示的工件时，先在狭长钣料上划好线。弯曲前，先将两端的圆弧和孔加工好。弯曲时，可用衬垫将钣料夹在台虎钳内，将两端的 1、2 处弯曲(图 6-12(b))，最后在圆钢上弯工件的圆弧 3(图 6-12(c))。

2.管子的弯曲

直径在 12 mm 以下的管子，一般可用冷弯法进行。直径在 12 mm 以上的管子，则用热弯法。最小弯曲半径必须大于管子直径的 4 倍。

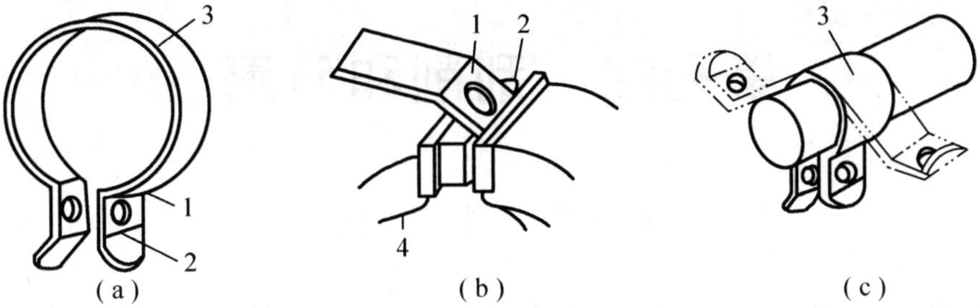

图 6-12　弯圆弧和角度结合的工件

当弯曲的管子直径在 10 mm 以上时，为了防止管子弯瘪，必须在管内灌满干砂（灌砂时用木棒敲击管子，使砂子灌得结实），两端用木塞塞紧（图 6-13(a)）。对于有焊缝的管子，焊缝必须放在中性层的位置上（图 6-13(b)），否则会使焊缝裂开。

冷弯管子通常在弯管工具上进行。图 6-13(c)所示是一种结构简单，弯曲小直径管子的弯管工具。它由底板 1、转盘 3、靠铁 2、钩子 4 和手柄 5 等组成。转盘圆周和靠铁侧面上有圆槽，圆弧按所弯管子的直径而定（最大可制成半径 6 mm），在转盘和靠铁的位置固定后即可使用。使用时，将管子插入转盘和靠铁的圆弧槽中，钩子钩住管子，按所需弯曲的位置，扳动手柄，使管子跟随手柄弯制到所需的角度。

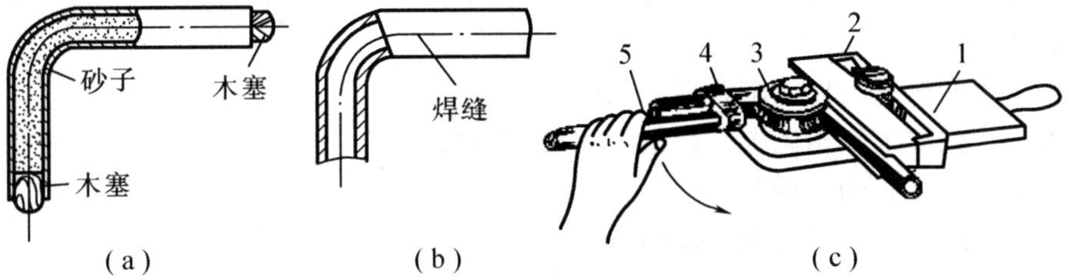

图 6-13　冷弯管子工具

(a)管子灌干砂；(b)焊缝在中性层位置；(c)弯管工具

手工弯曲钣料及管子多在单件生产中应用，成批或大量生产中，多用冲床、弯管机等设备来完成。

材料弯曲变形是塑性变形，但是不可避免地有弹性变形存在。工件弯曲后，由于弹性变形的恢复，使得弯曲角度和弯曲半径发生变化，这种现象称为回弹。利用胎具、模具成批弯制工件时，要多弯过一些，以抵消工件的回弹。

第七章　刮削和研磨

第一节　刮　　削

刮削是用刮刀刮除工件表面很薄一层金属的加工方法。刮削后的工件可以获得很高的尺寸精度、形状和位置精度、表面质量和接触精度，还可以使工件表面在光线反射下显示出明暗层次清晰、均匀整齐的花纹，美化工件外观，所以在现代科技高度发达的今天仍有其不可替代的作用。

1.刮削的特点

(1)刮削具有切削量小、切削力小、切削热少和切削变形小的特点。

(2)刮削时，刮刀反复对工件表面进行挤压，使工件表面具有良好的粗糙度，而且表面变得比以前紧密，从而提高了工件表面的抗疲劳能力与耐磨性。

(3)刮削后的工件表面分布着均匀的微坑，从而改善了工件的润滑性能，减少了摩擦、磨损，提高了工件使用寿命。

(4)刮削一般是利用标准件或互配件对工件表面进行涂色显点来确定其加工部位的，从而能保证工件有较高的形位公差和互配件的精密配合。

2.刮削的应用

(1)用于精密机械工件的配合滑动表面。

(2)用于工件要求较精确的形位精度和尺寸精度。

(3)用于获得良好的机械装配精度。

(4)用于工件需要得到美观的表面。

一、刮削工具

1.刮刀

刮刀一般用碳素工具钢 T10A、T12A 或弹性好的轴承钢 GCrl5 锻制而成，经热处理后硬度可达60HRC 左右。刮削淬火硬件时，可用硬质合金刮刀。刮刀刃口呈圆弧状、负前角，刮削时对工件表面起挤压作用，这是刮削能改善工件表面粗糙度、提高表层质量的原因之一。

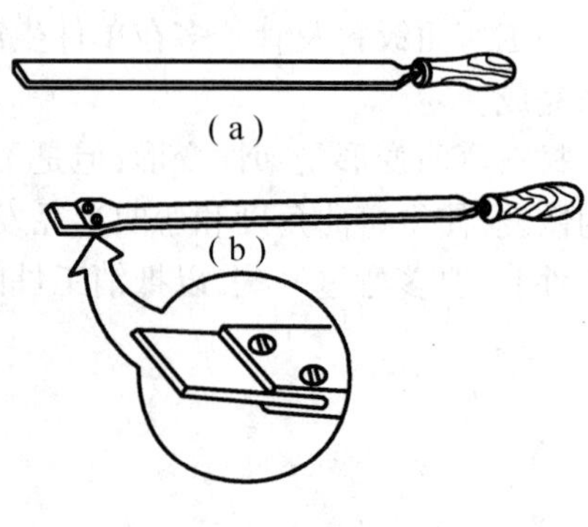

图 7－1　平面刮刀

(a)普通刮刀；(b)活头刮刀

2.刮刀的种类

(1)平面刮刀　用于刮削平面和外曲面，分为普通刮刀和活头刮刀两种，如图 7－1 所示。其中普通刮刀按所刮表面精度的不同，又分为粗刮刀、细刮刀和精刮刀三种。

(2)曲面刮刀　用于刮削内曲面，如滑动轴承等，分为三角刮刀和蛇头刮刀两种，如图 7－2所示。

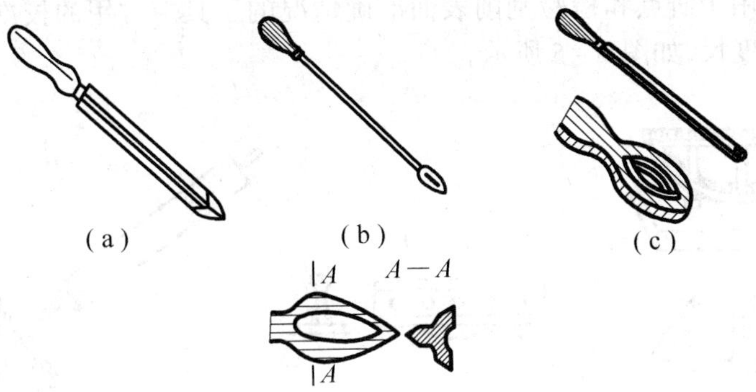

图 7-2　曲面刮刀

(a)三角刮刀;(b)三角刮刀;(c)蛇头刮刀

3.平面刮刀的刃磨

(1)平面刮刀的几何角度　刮刀还可按粗、细、精刮的要求不同而分类。三种刮刀的顶端角度如图 7-3 所示。粗刮刀为 90°~92.5°,刀刃平直;细刮刀为 95°左右,刀刃稍带圆弧;精刮刀为 97.5°左右,刀刃带圆弧。刃磨后的刮刀平面应平整光洁,刃口无缺陷。

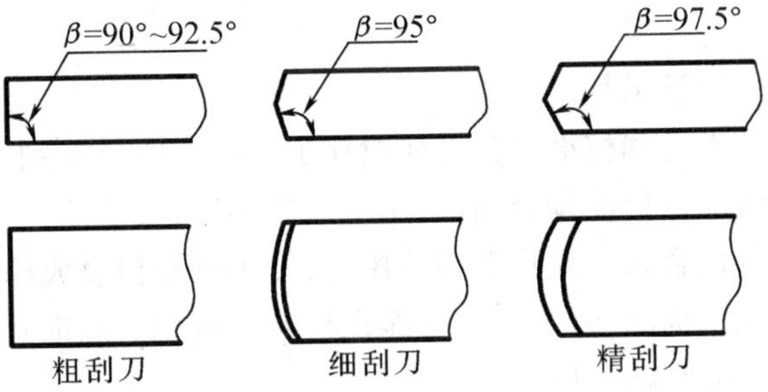

图 7-3　刮刀头部几何形状和角度

(2)平面刮刀的刃磨　刃磨刮刀应在油石上进行。操作时在油石上加适量机油,先磨两平面(图 7-4(a))直至平面平整,然后磨端面(图 7-4(b))。刃磨时左手扶住手柄,右手紧握刀身,使刮刀直立在油石上,略带前倾(前倾角度根据刮刀的不同 β 角而定)地向前推移,拉回时刀身略微提起,以免磨损刃口。如此反复,直到切削部分形状、角度符合要求,且刃口锋利为止。初学时还可将刮刀上部靠在肩上,两手握刀身,向后拉动来磨刃口,而向前则将刮刀提起(图 7-4(c))。此法速度较慢,但容易掌握,需熟练掌握后再采用前面的磨法。

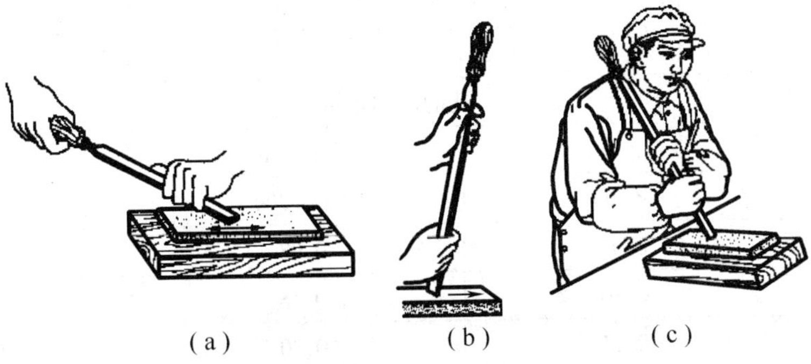

图 7-4　刮刀在油石上的刃磨

(a)磨平面;(b)磨端面;(c)靠肩双手握持磨法

4.校准工具

校准工具是用于研点和检验刮削表面准确情况的工具。常用的校准工具包括校准平板、校准直尺、角度尺,如图 7-5 所示。

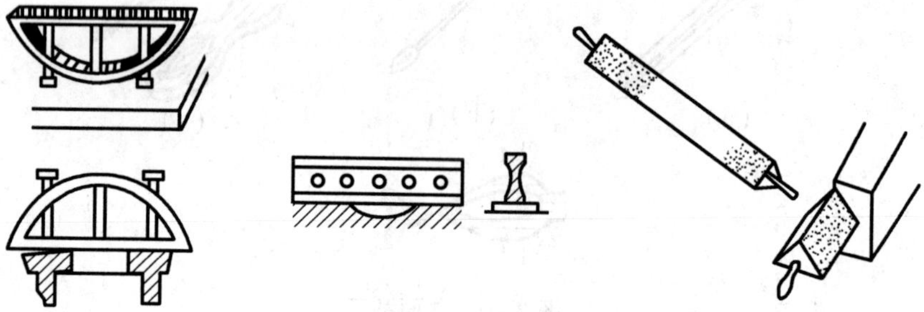

(a) (b) (c)

图 7-5 校准工具

(a)校准平板;(b)校准直尺;(c)角度直尺

5. 显示剂

工件和校准工具对研时所加的涂料叫显示剂。常用的显示剂有红丹粉,由氧化铅或氧化铁加机械油调合而成,用于钢件和铸铁;蓝油,由蓝粉和蓖麻油调和而成,主要用于精密件和有色金属。显示剂在使用时,常用砂布包裹成球,使涂布显示剂便于擦拭。其显点方法是将显示剂涂在工件(也可涂在校准工具)上,经推研则可显示出需要刮去的高点。

6. 刮削余量

刮削前,工件表面必须经过精铣或精刨等精加工。由于刮削的切削量小,因此刮削前的余量一般在 0.05~0.4 mm 之间,具体根据刮削面积而定,见表 7-1。

表 7-1 刮削余量

平面的刮削余量/mm					
平面宽度/mm	平面长度/mm				
	100~500	500~1 000	1 000~2 000	2 000~4 000	4 000~6 000
<100	0.10	0.15	0.20	0.25	0.30
100~500	0.15	0.20	0.25	0.30	0.40
孔的刮削余量					
孔径/mm	孔长/mm				
	<100	100~200	200~300		
<80	0.05	0.08	0.12		
80~180	0.10	0.15	0.25		
180~360	0.15	0.20	0.35		

二、刮削方法及质量检验

1. 平面刮削

(1)平面刮削方法

①手刮法　如图7－6所示，右手姿势与握锉刀柄时的基本相同，左手四指向下握住距刮刀头部50 mm处。左手靠小拇指掌部在刀背上，刮刀与刮削面成25°～30°角。左脚前跨一步，身体重心靠向左腿。刮削时让刀头找准研点，身体重心往前送的同时，右手跟进刮刀；左手下压，落刀要轻并引导刮刀前进方向；左手随着研点被刮削的同时，以刮刀的反弹作用力迅速提起刀头，提起高度为5～10 mm，如此完成一个刮削动作。

②挺刮法　如图7－7所示，将刮刀柄顶在小腹右下部肌肉处，左手在前，手掌向下；右手在后，手掌向上，在距刮刀头部50～80 mm处握住刀身。刮削时刀头对准研点，左手下压，右手控制刀头方向，利用腿部和臂部的合力往前推动刮刀；在研点被刮削的瞬间，双手利用刮刀的反弹作用力迅速提起刀头，提起高度约为10 mm。

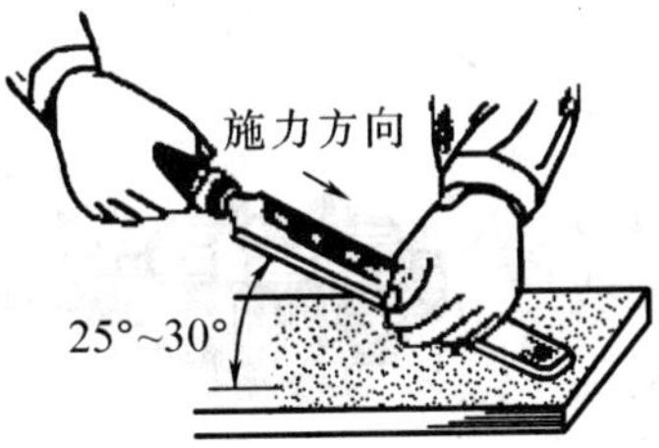

图7－6　手刮法

图7－7　挺刮法

(2)平面刮削步骤

平面刮削可分为粗刮、细刮、精刮、刮花四个步骤。工件表面的刮削方向应与前道工序的刀痕交叉，每刮削一遍后，涂上显示剂，用校准工具配研，以显示加工面上的高低不平处，然后刮掉高点，如此反复进行。

①粗刮　刮削前工件表面上有较深的加工刀痕，严重的锈蚀或刮削余量较多时(0.2 mm以上)进行粗刮。粗刮时应使用长柄刮刀且施力较大，刮刀痕迹要连成长片，不可重复。粗刮方向要与加工刀痕约成45°，各次刮削方向要交叉。粗刮到工件表面研点增至每25 mm^2面积内有3～4点时转入细刮。

②细刮　细刮用细刮刀刮去块状的研点。细刮采用短刮刀法，刀痕长度约为刀刃的宽度。随着研点的增加，刀痕逐步缩短。细刮同样采用交叉刮削的方法。每次显示剂要涂得薄而均匀，以便显点清晰。整个刮削面上达到每25 mm^2 面积内有12～15个点时，细刮结束。

③精刮　精刮采用点刮法。精刮时，刮刀对准显点，落刀要轻，提刀要快，每一点只刮一刀。经反复配研、刮削，被刮平面每25 mm^2 面积内应有25点以上。

④刮花　刮花的目的一是增加刮削表面的美观度，保证良好的润滑性；二是可根据刀花的消失，判断平面的磨损程度。要求高的工件，不必刮出大块的花纹。常见的花纹如图7－8所示。

(3)平面刮削的注意事项

(a)　　(b)　　(c)

图 7－8 刮花的花纹

(a)斜花纹；(b)鱼鳞花；(c)半月花

①每次刮削推研时要注意清洁工件表面，不要让杂质留在研合面上，以免造成刮面或标准平板的划伤。

②不论粗、细、精刮，对小工件的显示研点，应当是标准平板固定，工件在平板上推研，推研时要求压力均匀，避免显示失真。

2．曲面刮削

(1)曲面刮削方法

曲面刮削与平面刮削基本相似，方法略有不同。进行内圆弧面的刮削操作时，刮刀做内圆弧运动，刀痕与轴线约成 45°角。粗刮时用刮刀根部，用力大、切削量多、刮削面积大；精刮时用刮刀端部。

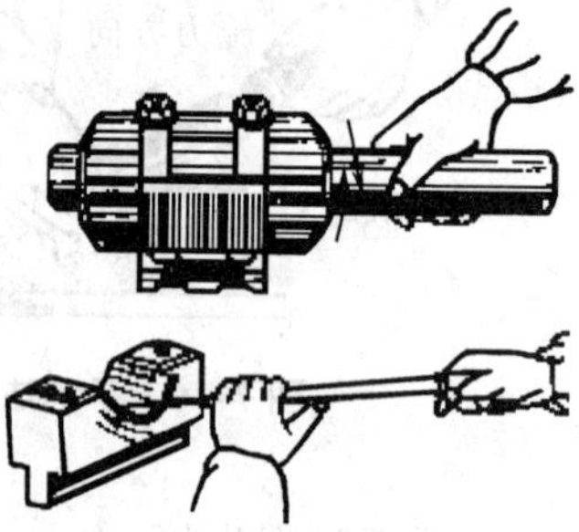

图 7－9 用三角刮刀刮削轴瓦

内孔刮削常用与其相配的轴或标准轴作校准工具，用蓝油涂布在孔的表面，用轴在孔中来回转动，显示接触点，再根据接触点进行刮削。用三角刮刀刮削轴瓦操作如图 7－9 所示。

(2)曲面刮削精度的检验

刮削后的工件表面，按接触斑点、平面度和直线度等形状公差值检验，如图 7－10 所示。接触斑点检验时，用边长 25 mm 的方框罩在与校准工具配研过的被检查表面上，检测框内接触斑点数目。合格件应达到表 7－2、表 7－3 所列的要求。

表 7－2　平面接触斑点

平面种类	接触斑点数	应用范围
普通平面	8～12	普通基准面、密封结合面
	12～16	机床导轨面、工具基准面
精密平面	16～20	精密机床导轨、直尺
	20～25	精密量具、一级平板
超精密平面	＞25	零级平板、高精度机床导轨

表 7－3　轴承接触斑点

轴承直径/mm	机床或精密机械主轴承			锻压设备和通用机械的轴承		动力机械和冶金设备的轴承	
	高精度	精密	一般	重要	一般	重要	一般
	每 25 mm^2 面积内的研点数						
≤120	25	20	16	12	8	8	5
>120		16	10	8	6	6	2

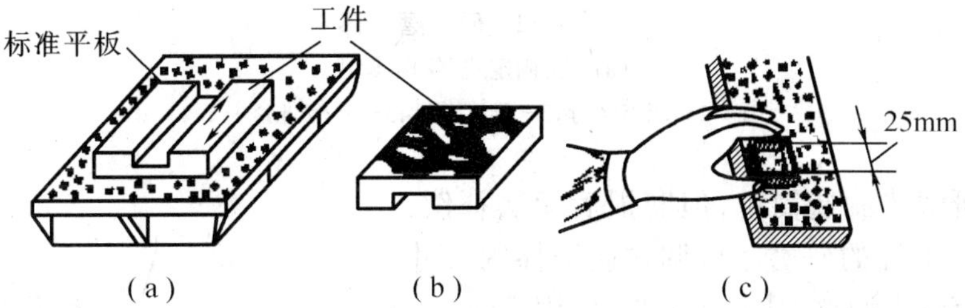

图 7－10　标准平板与研点法

(a)配研；(b)显出贴合点；(c)精度检验

第二节　研　　磨

一、研磨概述

研磨是用研磨工具(研具)和研磨剂从工件表面磨去一层极薄金属的精加工方法。

1.研磨的作用

(1)可以使工件获得很高的加工尺寸精度和形位精度。

(2)可以使工件获得很好的表面粗糙度。

2.研磨的种类

研磨分手工研磨和机械研磨两种，钳工一般采用手工研磨。

二、研具

不同形状、材质的工件需要不同形状、材质的研具。常用的研具有研磨平板、研磨棒和研磨套等。

1.研磨平板

主要用于研磨一些平面的工件表面，如研磨量块、精密量具的平面等。研磨平板分有槽的和光滑的两种，如图 7－11 所示。有槽平板用于粗研，光滑平板用于精研。

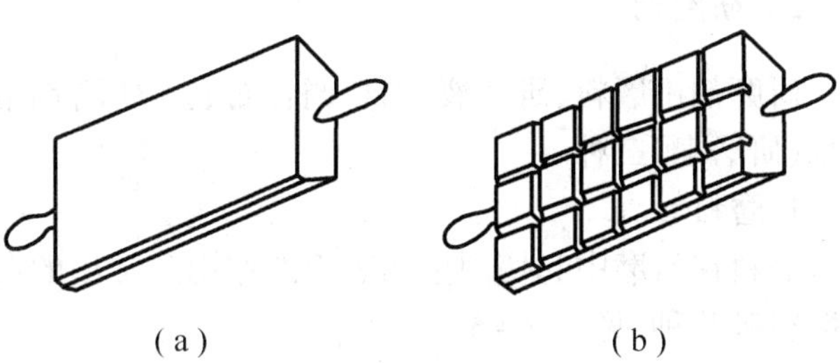

图 7－11　研磨平板

(a)光滑平板；(b)有槽平板

2.研磨棒

研磨棒主要用于研磨套类工件的内孔。研磨棒有固定式和可调式两种,如图 7-12 所示。

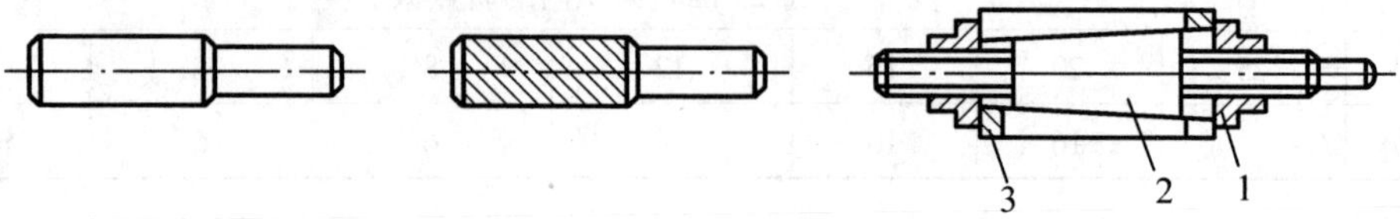

图 7-12 研 磨 棒

(a)、(b)固定式;(c)可调式

1—调整螺母;2—锥度芯轴;3—开槽研套

固定式研磨棒制造简单,但磨损后无法补偿,主要用于单件工件的研磨。可调式研磨棒的尺寸可在一定的范围内调整,其寿命较长,应用广泛。

3.研磨套

研磨套主要用于研磨轴类工件的外圆表面,如图 7-13 所示。

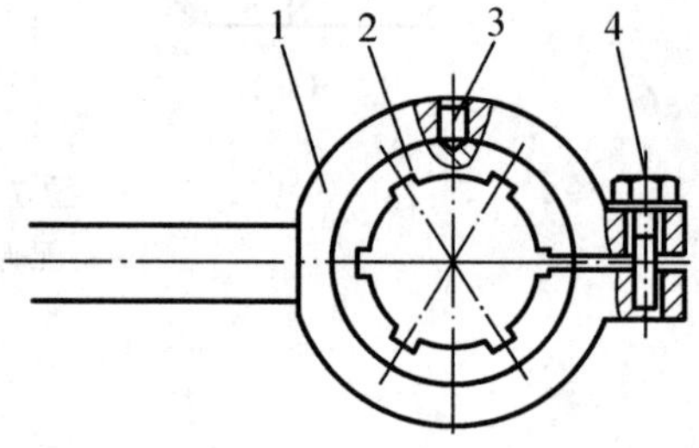

图 7-13 研 磨 套

1—夹箍;2—研磨套;3—紧固螺钉;4—调整螺钉

4.研具材料

在研磨时对研具的材料有较高的要求,研具的硬度要低于工件的硬度,并且研具还应具有较高的耐磨性和稳定性。常用的研具材料见表 7-4。

表 7-4 研具材料

序号	研具材料	特点	应用
1	灰铸铁	硬度适中,嵌入性好,价格低,研磨效果好	应用广泛
2	球墨铸铁	嵌入性更好,材质均匀、牢固	精密工件研具
3	软钢	韧性好,不易折断	小型工件研具
4	铜	材质较软,嵌入性好	研磨(软钢类)工件的研具

三、研磨剂

研磨剂由磨料、研磨液、辅料调合而成。研磨剂常配制成液态研磨剂、研磨膏和固态研磨剂(研磨皂)三种。

1.磨料

磨料在研磨中起切削金属表面的作用。常用的磨料有氧化物系、碳化物系、超硬磨料、软磨料等几种,见表 7-5。

表 7-5 磨料的种类、特性和适用范围

类别	磨料名称	代号	特性	适用范围
氧化物	棕刚玉	A	棕褐色,硬度高,韧性大,价格便宜	粗、精研铸铁及硬青铜
	白刚玉	WA	白色,硬度比棕刚玉高,韧性比棕刚玉差	精研淬火钢、高速钢及有色金属
	铬刚玉	PA	玫瑰红或紫色,韧性大	研磨各种钢件、量具、仪表工件等
	单晶刚玉	SA	淡黄色或白色,硬度和韧性比白刚玉高	研磨不锈钢、高钒高速钢等强度高、韧性大的材料
碳化物	黑碳化硅	C	黑色,硬度比白刚玉高,脆而锋利,导电、导热性良好	研磨铸铁、黄铜、铝、耐火材料及非金属材料
	绿碳化硅	GC	绿色,硬度和脆性比黑碳化硅高	研磨硬质合金、硬铬、宝石、陶瓷、玻璃等
	碳化硼	BC	灰黑色,硬度次于金刚石,耐磨性好	精研和抛光硬质合金和人造宝石等研质材料
超硬磨料	天然金刚石	JT	硬度极高,价格昂贵	精研和超精研硬质合金
	人造金刚石	JR	无色透明或淡黄色,硬度高,比天然金刚石脆,表面粗糙	粗、精研硬质合金和天然宝石
软磨料	氧化铁		红色或暗红色,比氧化铬软	精研或抛光钢、铸铁、玻璃、单晶硅等
	氧化铬	PA	深绿色	

2.研磨液

研磨液在研磨剂中起稀释、润滑与冷却的作用。磨料不能直接用于研磨,必须加注研磨液和辅助材料调和后才能使用。常用的研磨液有汽油、机油、煤油、熟猪油等。

3.辅助材料

辅助材料是一种黏度较大、氧化作用较强的混合脂。它的作用是使工件表面形成氧化膜,加速研磨进程。常用的辅助材料有油酸、脂肪酸、硬质酸和工业甘油等。

四、研磨方法及运动轨迹

1.研磨方法

(1)平面研磨 平面研磨应在非常平整的平板上进行。粗研在有槽的平板上进行,精研在无槽的平板上进行。研磨前要根据工件的特点选择好合适的研具、研磨剂、研磨运动轨迹、研磨压力和研磨速度。研磨分粗研、半精研和精研三步完成。

①粗研 粗研完成后要达到工件表面的机械加工痕迹基本消除、平面度接近图样要求的目标。

②半精研 半精研完成后要达到工件加工表面机械加工痕迹完全消除、工件精度达到图样要求的目标。

③精研 精研完成后工件的精度、表面粗糙度要符合图样的要求。

(2)研磨外圆柱表面 外圆研磨一般采用手工与机械相配合的方法,用研磨套对工件进行研磨。研磨时工件由车床或钻床带动。研磨前在工件上均匀地涂上研磨剂,套上研磨套并调整好研磨间隙(图 7-14),其松紧程度以手用力能转动研磨套为宜。通过工件的旋转,使研磨套在工件上沿轴线方向做往复运动进行研磨。

研磨外圆时，工件的转速一般是直径小于 80 mm 时 100 r/min，直径大于 100 mm 时 50 r/min。研磨时，如果研磨套往复速度适当，则工件上研磨出来的网纹成 45°交叉线，移动太快则网纹与工件轴线夹角较小，反之则较大，如图 7-15 所示。

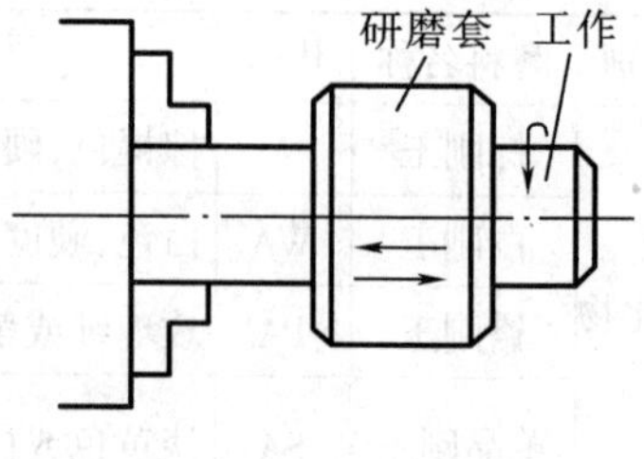

图 7-14　研磨外圆

(3)内孔研磨　内孔研磨时要将研磨棒夹在车床或钻床的主轴上转动，把工件套在研磨棒上研磨。在研磨时，应调节研磨棒与工件配合的松紧程度，一般以手把持工件不感觉十分费力为宜。

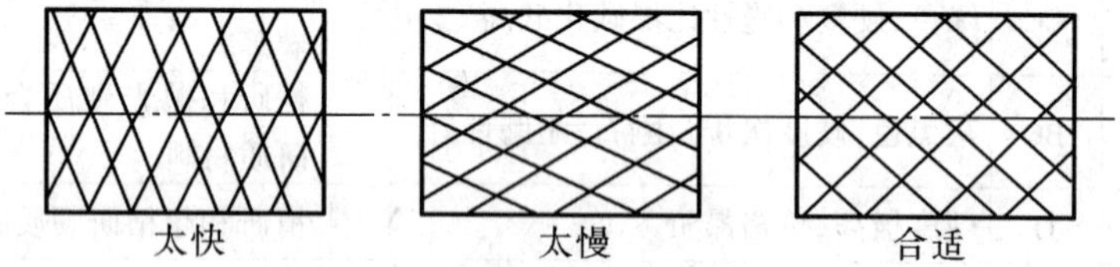

图 7-15　外圆研磨速度

2.研磨运动轨迹(表 7-6)

表 7-6　研磨运动轨迹

轨迹	运动描述	特点	应用
直线	研磨按直线方式运动，不相互交叉，但容易重叠	使工件获得较高的精度和很小的粗糙度值	有台阶的狭长平面
直线与摆动	工件在做直线研磨的同时，前后摆动	获得比较好的平直度	刀口形直尺、刀口形 90°角尺等
螺旋线	工件以螺旋线滑移状研磨	获得较好的平面度和很小的表面粗糙度值	圆柱形或圆片形工件
8 字形	工件研磨滑移的轨迹为 8 字形	可提高工件的质量，且能均匀使用研具	量规类小平面

3.研磨注意事项

(1)研磨前，应使研具的材料硬度比工件的低，并具有良好的嵌砂性、耐磨性、足够的刚性及较高的几何精度。

(2)研磨时，研磨的速度不能太快。精度要求高或易于受热变形的工件，其研磨速度不超过 30 m/min。手工粗磨时，每分钟往复 40~60 次；精研磨时，每分钟往复 20~40 次。

(3)研磨外圆柱表面时，研磨套的内径应比工件的外径略大 0.025~0.05 mm，研磨套的长度一般是其孔径的 1~2 倍。对于直径大小不一的情况，可在直径大的部位多磨几次，直到直径相同为止。

(4)研磨内圆柱表面时，研磨棒的外径应比工件内径小 0.01~0.025 mm，研磨棒工作部分的长度为工件长度的 1.5~2 倍。如孔口两端积有过多的研磨剂，应及时清理。研磨后，应将工件清洗干净，冷却至室温后再进行测量。

第八章　装　　配

第一节　装配工艺的基础要求

一、装配工作的重要性

装配是把已经加工好，并经过检查合格的单个零件，通过各种形式，依次连接成组件、部件，最终连接成一台整体机器的工艺过程。装配是机器制造中的最后一道工序，因此装配过程是保证机器达到各项技术要求的关键。对金属切削机床来说，装配质量好，就能满足加工工件的各项精度；反之则不能，甚至会出现设备事故，所以装配的好坏对产品质量有很大的影响。例如零件的配合不符合规定的技术要求，机器就不可能正常工作；零部件之间、机构之间的相对位置不正确，常常使它们无法连接，或使它们的有关零件工作不正常，达不到要求的标准。

二、装配工艺规程

1.装配工艺规程的作用

装配工艺规程是规定装配全部部件和整个产品的工艺过程以及所使用的设备和工夹具等的技术文件，是提高生产效率、产品质量的必要措施，是组织装配生产的重要依据。

2.编制装配工艺规程所需要的原始材料

(1)产品的总装配图、部件装配图及主要零件工作图。

(2)零件明细表。

(3)产品的技术条件。

(4)产品的生产规模。

3.装配工艺规程的内容

(1)规定所有零部件的装配顺序。

(2)对所有装配单元和零件规定出最经济、快捷的装配方法。

(3)划分工序，决定工序内容。

(4)决定必要的工人技术等级和工时定额。

(5)选择装配用的工夹具和设备。

(6)确定验收方法和装配技术条件。

4.编制装配工艺规程的步骤

(1)分析装配图，了解产品的结构特点，确定装配方法。

(2)决定装配的组织形式。

(3)确定装配顺序。

(4)划分工序　在划分工序时应考虑：

①在采用流水线装配时，划分为多少个工序，必须取决于装配节奏的长短。

②组件重要部分，在装配工序完成后必须加以检查，以保证质量。在重要而又复杂的装

配工序中，不易用文字明确表达时，应画出局部的指导性装配图。

(5)选择工艺设备　根据生产规模和产品结构特点，尽可能选用较先进的装配工具和设备。

(6)确定检查方法　根据生产规模和产品结构特点，尽量选用先进的检查方法。

(7)确定工人技术等级和工时定额　根据工厂的实际情况确定工人的技术等级和工时定额。

(8)编写工艺文件。

第二节　螺纹连接装配

螺纹连接具有装拆简便、调整更换方便、宜于多次拆装等优点，在现代机器制造中用得最广。

一、双头螺栓装配时的主要技术要求

(1)保证双头螺栓的紧固端与机体螺纹配合的紧固性，使它不致在装拆螺母的过程中，有任何松动的现象。因此，双头螺栓的紧固端应当采用螺纹中径有过盈、台肩，或最后几圈有浅螺纹，如图8－1所示，以达到螺纹配合的紧固性。当双头螺栓装入软材料工件时，过盈要大些。

(2)双头螺栓的轴心线必须与机体表面垂直，通常用角尺进行检验(图8－2)。螺栓轴线的不垂直度较小时，一般可以把它敲准。

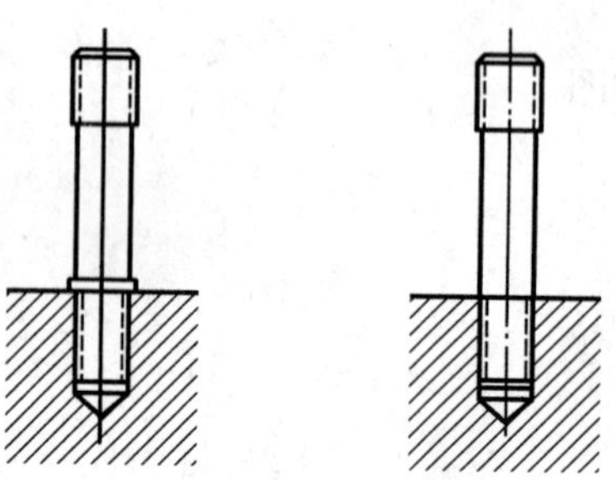

图8－1　双头螺栓的紧固形式

(a)带有台肩的；(b)带过盈或末几圈带浅螺纹的

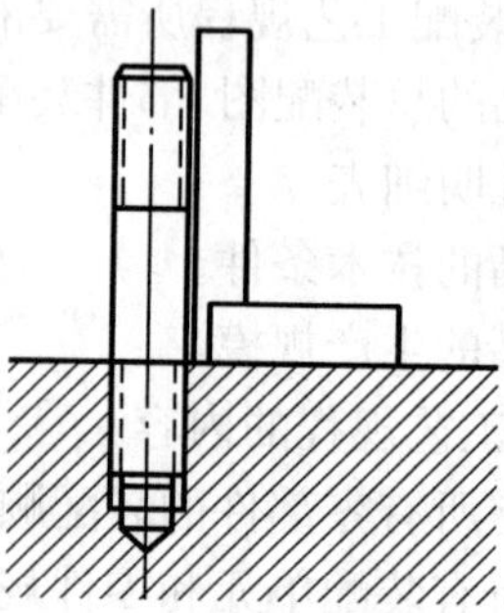

图8－2　用角尺检验双头螺栓的垂直度

(3)装入双头螺栓时必须用油润滑，以免旋入时产生咬住现象，同时使以后拆卸更换时较为方便。

二、发动机上的双头螺栓装配

除上述应注意事项之外，还应注意以下几点。

(1)双头螺栓安装得歪斜时，不应用校直的方法消除，否则容易造成螺栓的弯曲或根部断裂。在此情况下，应该把它拧出来，再用丝锥校正螺孔。对偏斜大的，则应钻掉孔内螺纹，

重新攻丝，再更换一端有相应直径的双头螺栓。

(2)若没有把螺栓拧到底，就感觉阻力太大，这时应该出来，再用丝锥校正一下，并选择一个螺纹中径较小的螺栓拧入。

(3)双头螺栓旋入过深或过松时，应旋出，选择一个中径较大的螺栓旋入，以保证螺栓的伸出长度和紧密配合。

三、螺母和螺钉的装配

在装配螺母和螺钉的时候，要使它们连接得紧固有力，不会松动，以保证拆卸的时候零件完整无损。为此，掌握旋紧螺纹的要点是很重要的。对正确使用旋紧(或回松)螺纹用的工具也不能忽视。

1.螺母和螺钉的装配要求

(1)螺钉或螺母与零件贴合的表面应光洁、平整，贴合处的表面应当经过加工，否则容易松动或使螺钉弯曲。

(2)接触的表面应当清洁，螺钉、螺母应当在机油中洗净，螺孔内的脏物应当用压缩空气吹净。

2.螺纹连接的预紧和防松装置

旋紧螺纹时，松紧程度必须合适。旋紧力太大时，会出现螺钉拉长或断裂、螺纹拉坏或滑牙、机件变形等现象，从而使螺钉在工作过程中发生断裂，甚至可能引起严重事故；旋紧力太小时，则不能保证机器工作时的可靠性和准确性，并容易产生回松现象。

(1)预紧

①拧紧力矩的确定。为了使连接牢固可靠，连接时必须施加拧紧力矩，使螺纹副之间产生预紧力，从而使螺纹副具有一定的摩擦力矩。

②根据装配要求，测量螺栓拧紧后的伸长量，便可确定拧紧力矩是否合适。

③扭角法，即螺栓拧至与被连接件贴紧后，再拧转一定的角度。

以上方法一般是根据经验进行操作。

(2)防松装置　连接用的螺纹一般都有自锁能力，但在冲击、振动、变载荷作用下或温度变化较大的场合，很容易发生松脱。为了确保连接可靠，必须采取以下防松措施。

①将开口销插入螺钉孔内，使螺母自动回松不超过一定的限度，如图 8-3 所示。

图 8-3　用开口销防松

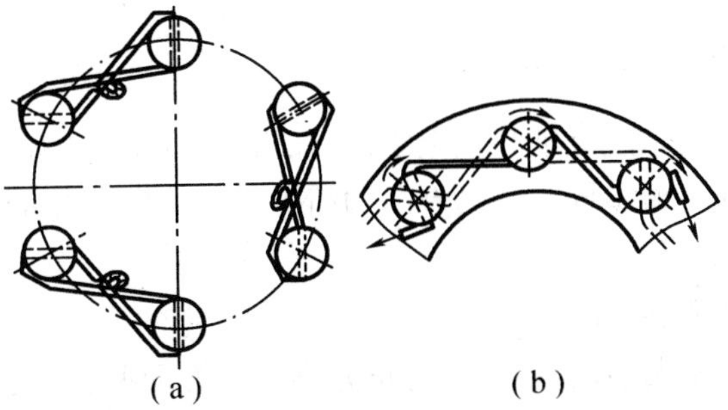

(a)　(b)

图 8-4　用钢丝防止螺纹回松

②对成对或成组的螺钉和螺母，可以用钢丝穿过螺钉头互相绑住，以防止回松(图 8-4)。用钢丝绑住的时候，必须用钢丝钳或尖头钳拉紧钢丝，钢丝旋转的方向应与螺纹旋转方

向相同。

③用弹簧垫圈制止螺纹回松。这种防松装置可靠，所以应用较普遍，如图 8－5 所示。

④用点铆的办法制止螺纹的回松，如图 8－6 所示。这种方法用在不常拆卸的螺钉上。

⑤用保险垫圈防止螺纹的回松(图 8－7)。使用带翅垫圈(又称制动垫圈)时，必须把内外翅插入槽内。

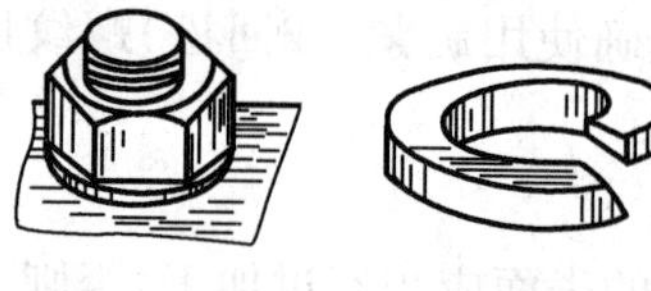

图 8－5　用弹簧垫圈防松

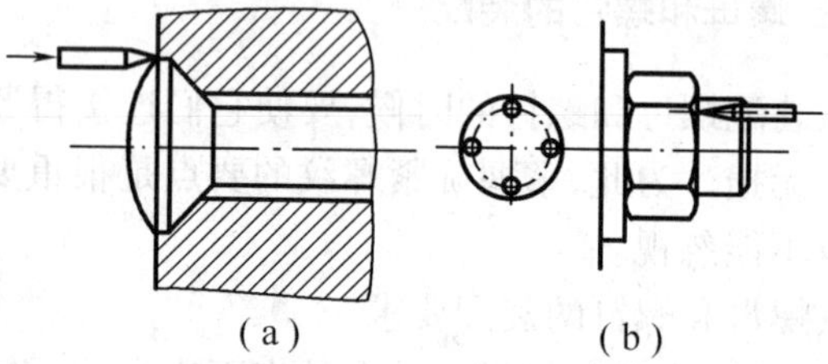

图 8－6　点铆法防松

(a)螺钉上点铆；(b)侧面点铆

⑥用制动螺钉制止螺纹的回松，如图 8－8。

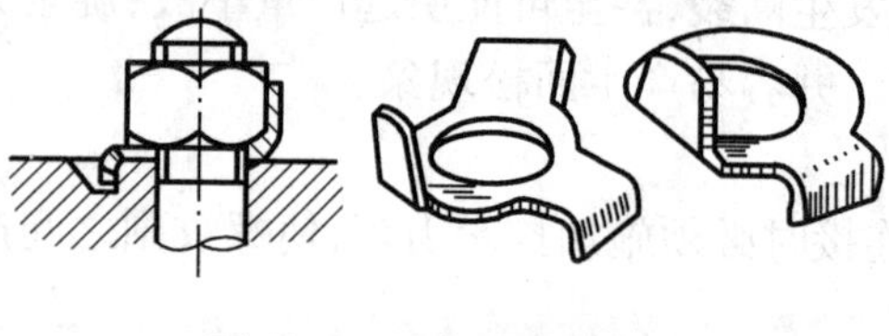

图 8－7　用保险垫圈防松

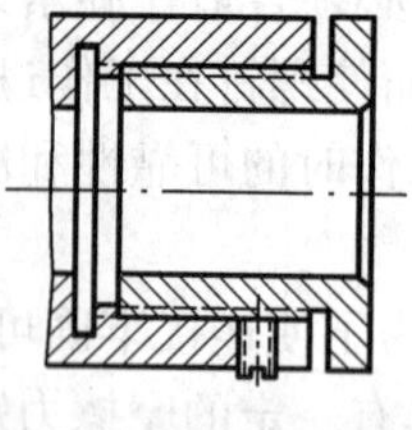

图 8－8　用制动螺钉防松

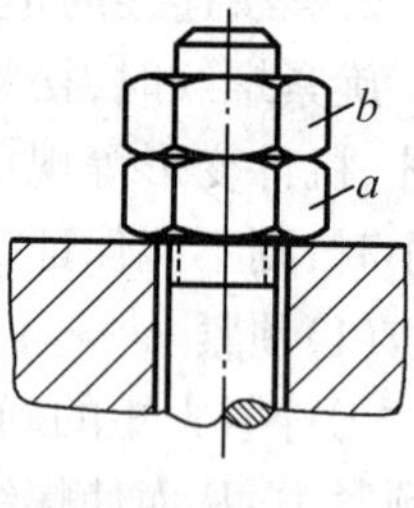

图 8－9　用锁紧螺母防松

⑦用锁紧螺母防松，如图 8－9。它是依靠两螺母 a、b 在螺母端面上所产生的摩擦力防松的。

第三节　键、销连接装配

一、键连接的装配

键是用来连接轴和轴上零件(如齿轮、皮带轮、蜗轮等)，使它们之间连成一体，以传递转矩的一种机械零件。它具有结构简单、工作可靠、装拆方便等优点，因此在机械行业中得到广泛应用。

1.平键的装配

平键依据断面形状分，有正方形与长方形两种。长方形键一般用于空心轴与薄轮毂的连接。平键在装配时，与轴上键槽的两侧面必须带有一定的过盈。这样在工作中，如有顺、逆旋转，键不会产生松动现象，以免降低轴和键槽的使用寿命及工作的平稳性；而键顶面和轮毂间必须留有一定的间隙。为了使键拆卸时不损坏，可在键上面备有螺孔，如图8－10所示。其装配方法如下：

(1)清除键槽的锐边,以防装配时过紧;

(2)修配键与槽的配合精度及键的长度;

(3)修锉键的圆头(一般装在轴端部的键为平头,装在轴中间的为半圆头);

(4)安装于轴的键槽中的键必须与槽底接触,一般采用虎钳夹紧(必须在虎钳与键平面之间垫上铜皮)或敲击等方法。

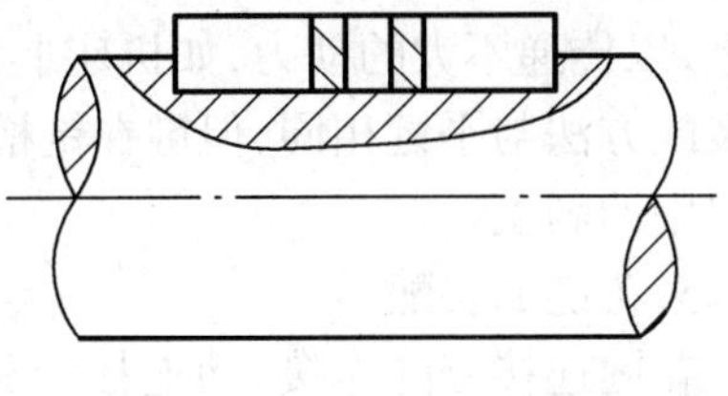

图 8-10　带有螺孔的平键

(5)轮毂上的键槽与键配合过紧时,可修整轮毂的键槽,但不允许松动。

2.滑键和导键的装配

滑键和导键不仅带动轮毂旋转,还必须使轮毂沿轴线方向来回移动,故装配时,键与键槽(键座)宽度的配合必须是间隙配合,而键与非滑动件(轴)的键座(或键槽)两侧面必须过盈配合紧密,没有松动现象。有时为防止键因振动而松动,必须用埋头螺钉把键固定(图 8-11)。这样,才能保证滑动件在工作时的正常滑动。

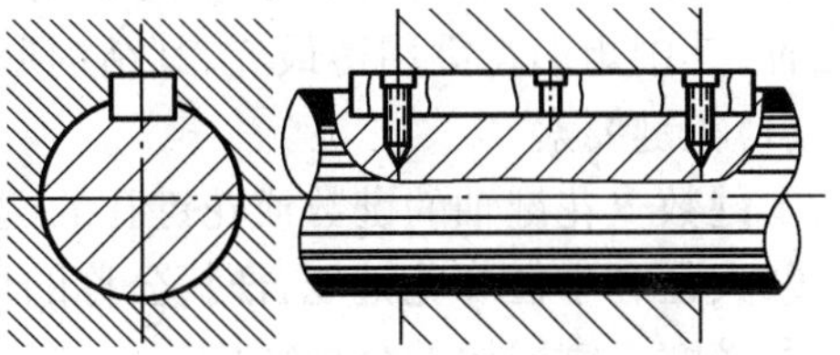

图 8-11　导键固定在轴上

3.斜键(楔形键)的装配

斜键形状与平键相似,但在顶面有斜度。斜键有头(图 8-12(a)),主要是为了便于拆装。拆卸工具如图 8-12(b)和图 8-12(c)所示。斜键的顶面亦与键槽的顶面接触,能承受振动和一定的轴向力。键槽的斜度与键的斜度一致,一般是 1∶100。键的侧面与键槽间有一定的间隙。楔形键即为紧键连接,能传递转矩并能承受单向轴向力。斜键的装配方法如下:

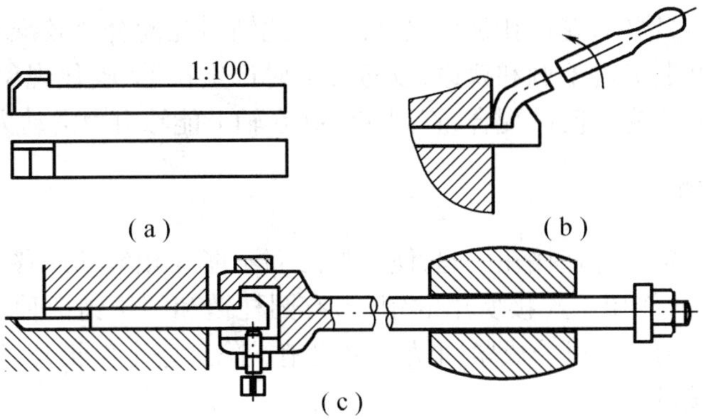

图 8-12　斜键及拆卸工具

(1)清除键槽锐边;

(2)修配键与槽的配合精度,然后把轮毂套在轴上;

(3)使轴与轮毂键槽对正,在斜键的斜面涂色以检查斜度正确与否,用刮削法进行修整,使键和轮毂键槽紧密贴合,并使接触长度符合要求;

(4)清洗斜键及键槽等,最后把斜键上油后,敲人键槽中。

4.半圆键(月牙键)的装配

如图 8－13 所示，半圆键一般用在直径较小的轴或锥形轴上，以传递不大的动力，如机床上手轮和轴配合等。这种键的装配方法与平键相同，但键在键槽中可以滑动，能自动适应轮毂中的斜度。

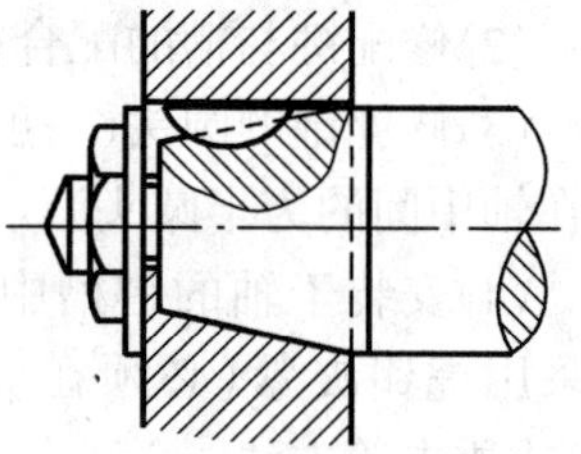

图 8－13　半圆键

5. 花键的装配

花键连接有静连接、动连接两种方式。它的特点是轴的强度高，传递转矩大，对中、导向都很好，但制造成本较高，因此广泛用于机床、汽车、飞机等制造业中。

花键按齿廓形状可分为矩形花键、渐开线花键、三角形花键三种，其中矩形花键用得最广，其结构形状如图 8－14 所示。

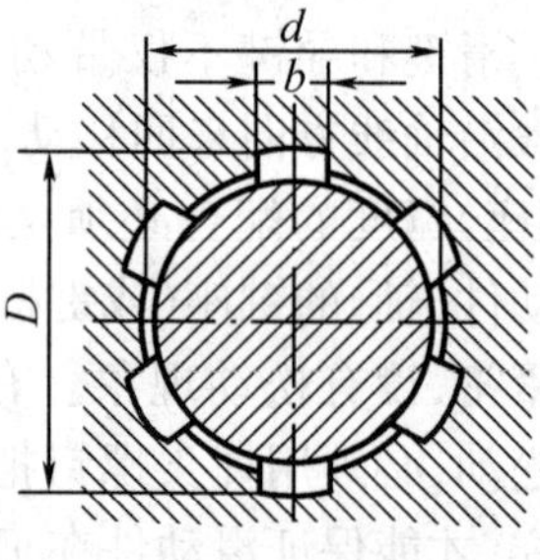

图 8－14　矩形花键连接

(1)花键要素

①键数　花键轴的键数或花键孔的键槽数。

②大径和小径　花键配合时，公称的最大、最小直径。

③键宽　键或槽的公称宽度。

(2)定心方式　花键的定心方式有大径定心、小径定心和齿侧定心三种。国家标准规定采用精度高、质量好的小径定心方式。

(3)矩形花键的配合　矩形花键的配合包括定心直径、非定心直径和键宽配合，根据精度要求和松紧来确定。

(4)花键连接的装配要求

①固定连接的花键　当过盈量较小时可用铜锤轻轻打入。对于过盈量较大的连接，可将套件加热至 80 ℃～100 ℃后进行装配。

②滑动连接的花键　花键轴与花键孔多为滑动配合，故属于滑键形式。花键轴在滚或铣出后，一般外圆经过磨削，花键孔是拉出来的，因此轴与孔配合比较准确。在装配前必须清理花键轴和孔上凸起处的毛刺和锐边，以防装配时产生拉毛、咬住现象，然后把孔套在轴上根据涂色的情况修正它们间的配合，直到花键孔在轴上能够自由滑动为止。

二、销连接的装配

销连接是用销钉把机件连接在一起，使它们之间不能互相转动或移动。销连接可以起到定位、连接和保险的作用。连接所用的销子，有圆柱销和圆锥销两种。圆锥销的锥度为 1∶50。按连接的用途，销子又可分成紧固销和定位销。除某些定位销外，销与销孔都是依靠过盈达到紧固的连接的。

1. 圆柱销的装配

圆柱销全靠配合时的过盈，故一经拆卸失去过盈就必须调换。为了保证销子与销孔的过盈量，要求销子和销孔表面粗糙度较小，通常两零件的销孔必须同时钻出，并经过铰孔，以保证两零件销孔的重合性、销孔的尺寸及较小的表面粗糙度，如图 8－15 所示。

装配时，在销子上涂油，用铜棒垫在销子端面上，把销子打入孔中。对某些定位销，不能用打入法，可用 C 形夹头把销子压入孔内(图 8－16)。压入法比打入法好，销子不会变形，工件间不会移动。

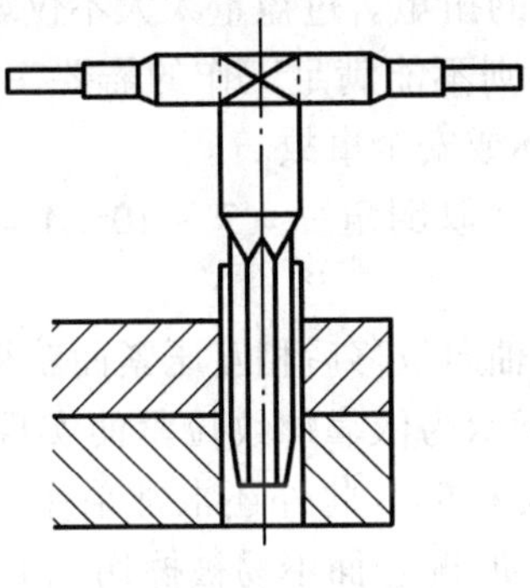

图 8－15　铰销孔

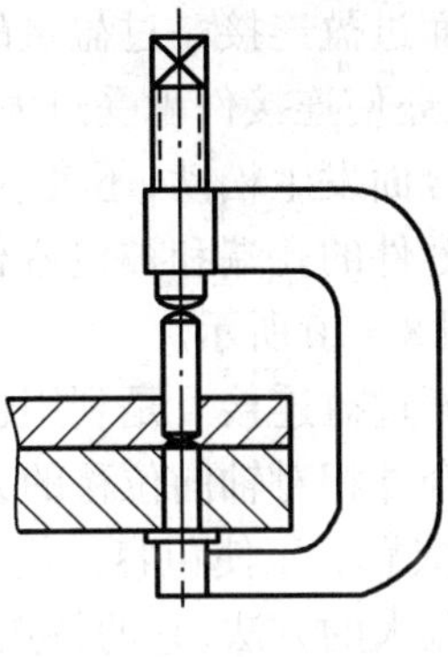

图 8－16　用 C 形夹头把销子压入

2.圆锥销的装配

圆锥销大部分是定位销。它的优点是装拆方便,可在一个孔内装拆几次,而不损坏连接质量。装配后,销子的大端应稍露出零件的表面,或与零件的表面一样平;小头应与零件表面一样平或缩进一些。圆锥孔铰好后,如果能用手将圆锥销塞入孔内 80% ~ 85%,则能获得正常的过盈,而销子装入孔中的深度一般也较适当。

有时为了便于取出销子,可采用带螺纹的圆锥销(图 8－17),旋紧图 8－18(a)上的螺母即可将带外螺纹的销子拔出。对带内螺纹的圆锥销(图 8－18(b)),要用拔销器取出,如图 8－19所示。

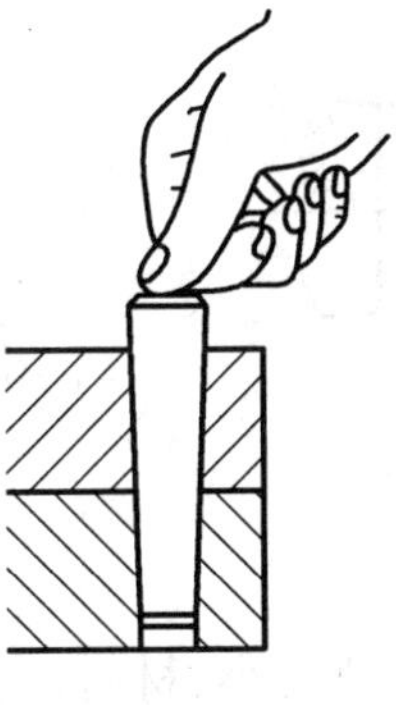

图 8－17　圆锥销自由放入深度

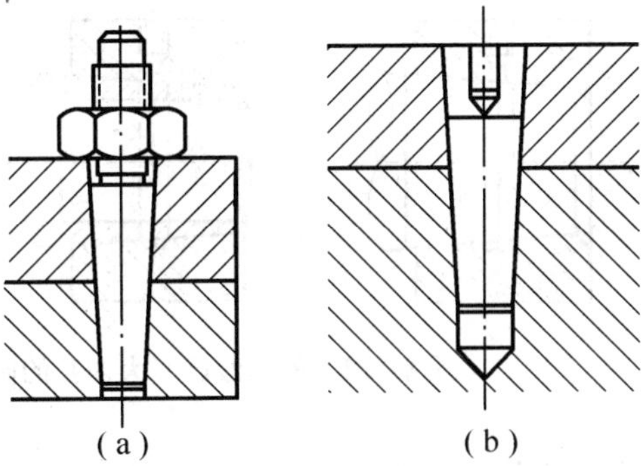

图 8－18　带螺纹的圆锥销

3.过盈连接

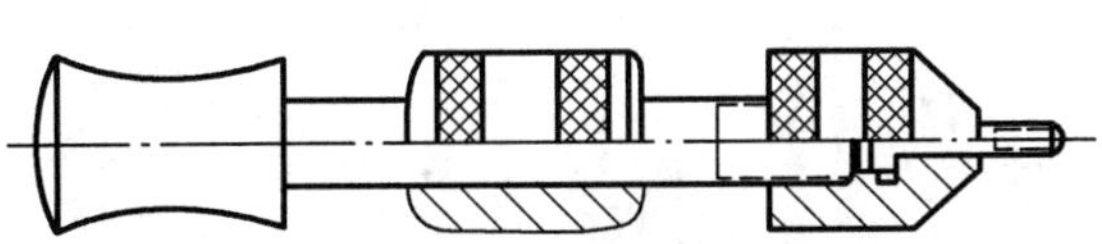

图 8－19　拔销器

过盈连接是依靠包容件(孔)和被包容件(轴)配合后的过盈值达到紧固连接的。装配后,轴的直径被压缩,孔的直径被胀大。工作时依靠此压力产生摩擦力来传递转矩、进给力。过盈连接的结构简单,对中性好,承载能力强。过盈连接常见形式有两种,即圆柱面过盈连接和圆锥面过盈连接。

(1)过盈连接的装配方法

①圆柱面过盈连接　过盈量的大小决定于所需承受的扭矩。过盈量太大不仅增加装配的困难,而且还使连接件承受过大的内应力;过盈量太小则不能满足工作的需要,一旦在机器运转中配合面发生松动,还将造成工件打滑而发生损坏或安全事故。

一般包容件的孔端和被包容件的进入端应倒角,通常取倒角 $\alpha = 5° \sim 10°$, $A = 1$ mm ~ 3.5 mm,如图 8－20 所示。

②圆锥面过盈连接　是利用包容件和被包容件相对轴向位移后相互压紧而获得过盈的配合。使配合件相对轴向位移的方法有多种:图 8－21 所示为依靠螺纹拉紧而实现的;图 8－22 所示为依靠液压使包容件内孔胀大后而实现相对位移的。此外还常常采用将包容件加热使内孔胀大的方法,它的特点是压合距离短、装拆方便,配合面不易被擦伤拉毛,可用于需多次装拆的场合。

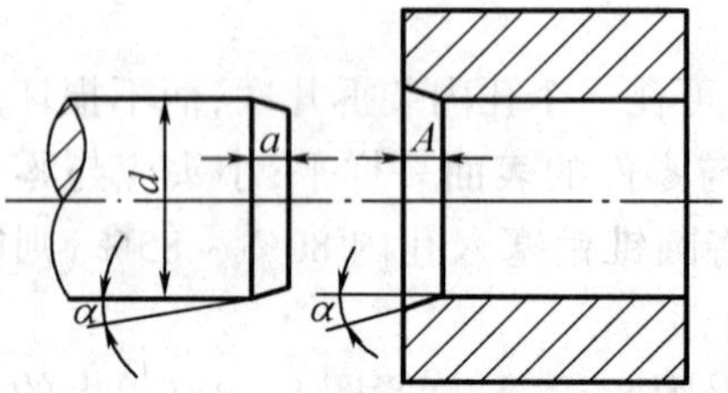

图 8－20　圆柱面过盈连接的倒角

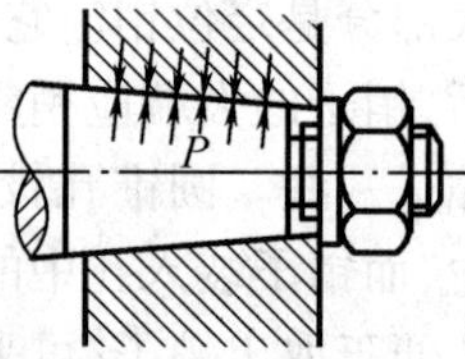

图 8－21　依靠螺纹拉紧的圆锥面过盈连接

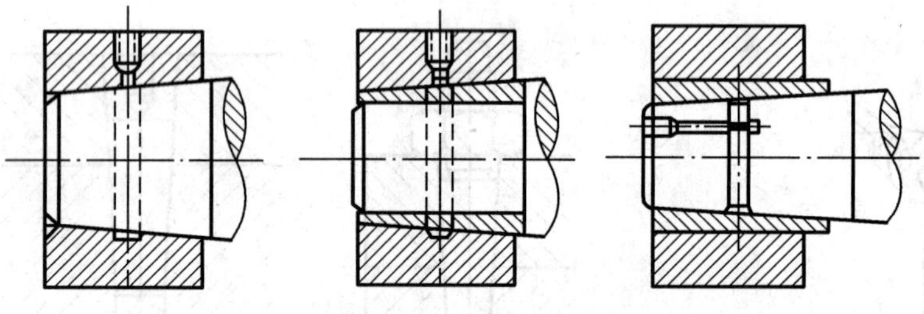

图 8－22　依靠液压胀大内孔的圆锥面过盈连接

(2)过盈连接的装配　过盈连接的装配方法很多,依据结构形式、过盈大小、材料、批量等因素有压入法、热胀配合法和冷缩法等。

第九章 基础实训

实训一 立体划线

根据图9-1、图9-2所示的技术要求，完成对工件的立体划线。

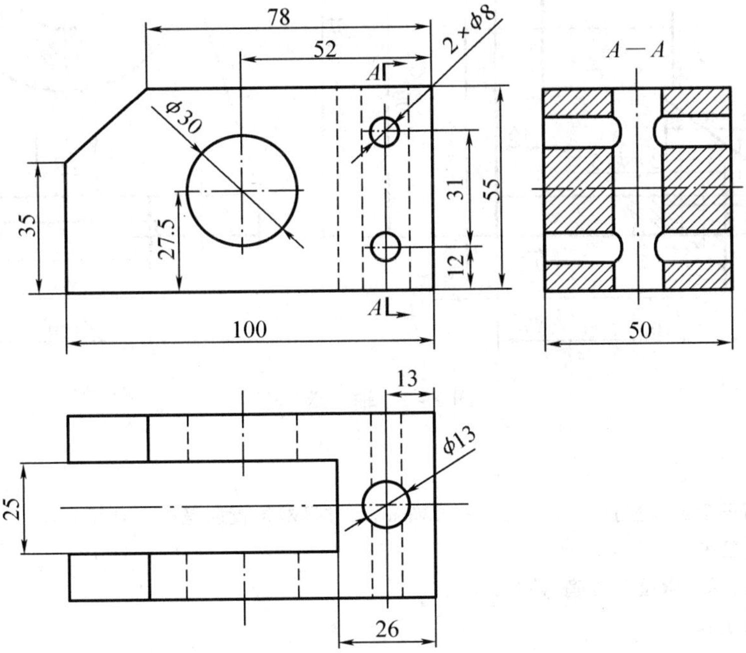

图9-1 拐 臂

技术要求：

1. 长、宽、高三个位置垂直度找正误差±0.3 mm，尺寸基准位置误差小于0.5 mm；
2. 划线尺寸公差±0.3 mm；
3. 线条清晰，样冲眼位置准确、整齐。

一、训练步骤

1. 分析图样，详细了解工件的加工工艺规程，确定需要划线的部位、划线的次数和每次划线的范围。

2. 选择划线基准，确定装夹位置和方法。

3. 清理毛坯，并检查毛坯的误差情况，确定是否需要借料，如需借料，还应确定借料方向和距离，最后在毛坯划线部位涂色。

4. 找正毛坯。

5. 划线。

6.对尺寸进行校对,确认无误后,在相应的线条及钻孔中心打上样冲眼。

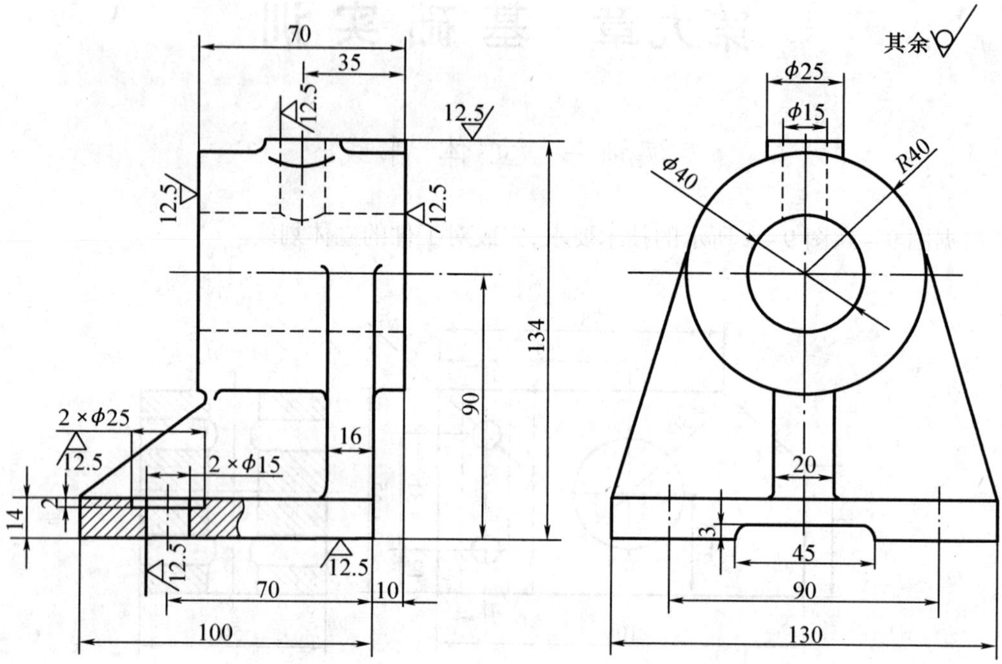

图9-2 轴 承 座

技术要求:

1.长、宽、高三个位置垂直度找正误差±0.3 mm,尺寸基准位置误差小于0.5 mm;

2.划线尺寸公差±0.3 mm;

3.线条清晰,样冲眼位置准确、整齐;

4.铸造圆角 $R3$。

二、注意事项

1.必须全面考虑工件在平板上摆放的位置。

2.用划线盘划线时,划线盘应紧贴平板表面移动,划针伸出量尽可能短,并夹紧。

3.所划线条必须做到尺寸准确、线条清晰、粗细均匀,冲点准确合理、距离均匀。

4.工件在支撑上安放要稳固,防止倾倒。

三、评分标准(表9-1)

表9-1 评分标准　　　　总得分________

序号	项目名称与技术要求	配分	评定方法	得分
1	垂直度误差小于0.4 mm	24	一处超差扣8分	
2	尺寸基准位置误差小于0.6 mm	24	一处超差扣8分	
3	划线尺寸误差小于0.3 mm	24	一处超差扣3分	

表 9-1(续)

序号	项目名称与技术要求	配分	评定方法	实得分
4	涂色均匀	6	目测评定	
5	线条清晰	12	一处不合格扣 3 分	
6	冲点位置正确	10	一处不合格扣 2 分	
7	安全生产与文明生产	扣分	违章一次扣 3 分	

实训二　锉 削 平 面

一、练习要求

掌握平面锉削时的正确姿势及锉削的用力方法和锉削速度。

锉削平面,工件如图 9-3 所示。

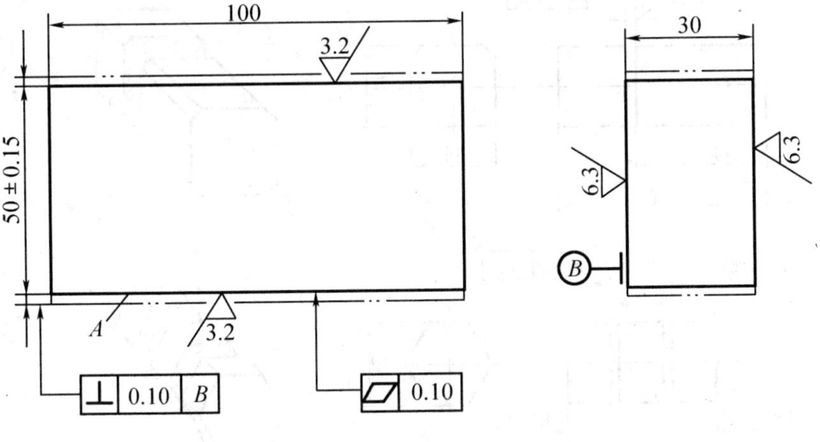

图 9-3　锉 削 平 面

技术要求:

1. 材料 35,179~225 HB;
2. 加工部位组成 50 mm 尺寸的两平面;
3. 余量为 2 mm。

二、练习步骤

1. 划锉削面的加工线时,注意余量的合理分配,并选择其中的一面(如 *A* 面)为加工基准面。

2. 粗锉 *A* 面,采用交叉锉削,留 0.2~0.3 mm 的余量,表面粗糙度 $R_a \leqslant 12.5\ \mu m$。

3. 用中锉沿工件的长度方向采用顺向锉削的方法进行锉削,应留有 0.10~0.15 mm 的余量,表面粗糙度 $R_a \leqslant 6.3\ \mu m$。

4. 用细齿锉刀精锉 *A* 面,使 *A* 面的平面度和侧面的垂直度以及表面粗糙度达到图样要求。检查平面度时应兼顾上面的对应面有无余量。

5.用刀口形直尺在工件长边的两条对角线上和在短边上不少于5处检查平面度。检查时通过判断光隙的犬拳珠确定正面的平面度是否合格。

6.用90°角尺检查 *A* 面对 *B* 面的垂直度是否合格。

7.按加工线锉削 *A* 面的对应面,重复锉削 *A* 面的操作,保证尺寸、平面度、表面粗糙度符合图样要求。

实训三　锯削长方体

一、练习要求

锯削长方体,工件如图9-4中(a),(b),(c)所示。

1.掌握工件的安装及锯条的安装方法,确保起锯方法和起锯角度的正确。

2.学会对锯削速度、摆动姿势、锯缝的把握。

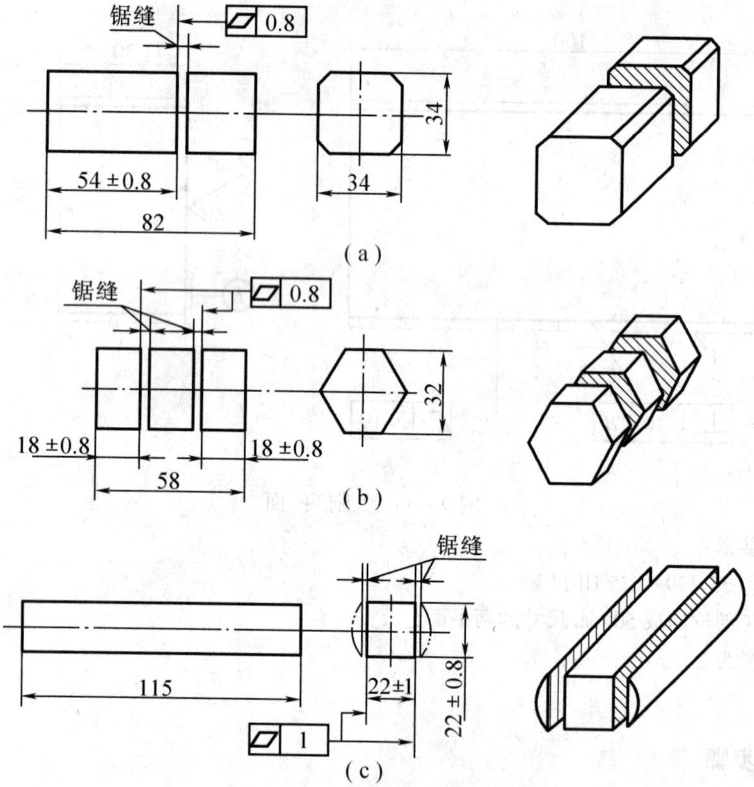

图9-4　锯削工件

(a)锯件1;(b)锯件2;(c)锯件3

二、练习步骤

1.按图样尺寸对三件实习件划出锯削线。

2.锯件1　四方铁,达到尺寸(54±0.8) mm、锯削断面平面度0.8 mm的要求,并保证锯痕整齐。

3.锯件2　钢六角件，在角的内侧采用远起锯，达到尺寸(18±0.8) mm、锯削断面平面度0.8 mm的要求，并保证锯痕整齐。

4.锯件3　长方体(要求纵向锯)，达到尺寸(22±1) mm、锯削断面平面度1 mm的要求，并保证锯痕整齐。

实训四　铰　孔

一、练习图样

铰孔的练习图样如图9-5所示。

材料：HT150。

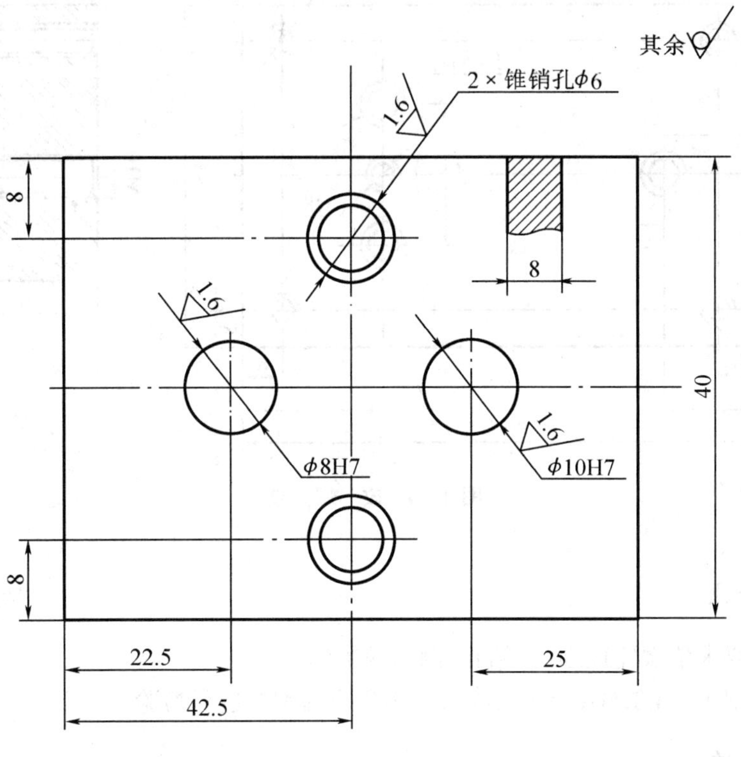

图9-5　铰　孔

二、练习步骤

1.在练习件上按要求划线。

2.钻孔、扩孔，预留适当的铰孔余量。

3.铰孔，必须符合图样要求。

三、注意事项

1.铰刀是精加工工具,要避免碰撞,对刀刃上的毛刺或积屑瘤,可用油石磨去。
2.熟悉铰孔中常出现的问题及其产生原因,在练习中应加以注意。

实训五 攻 螺 纹

一、练习图纸

攻螺纹的练习图纸如图 9-6 所示。
材料:HT150。

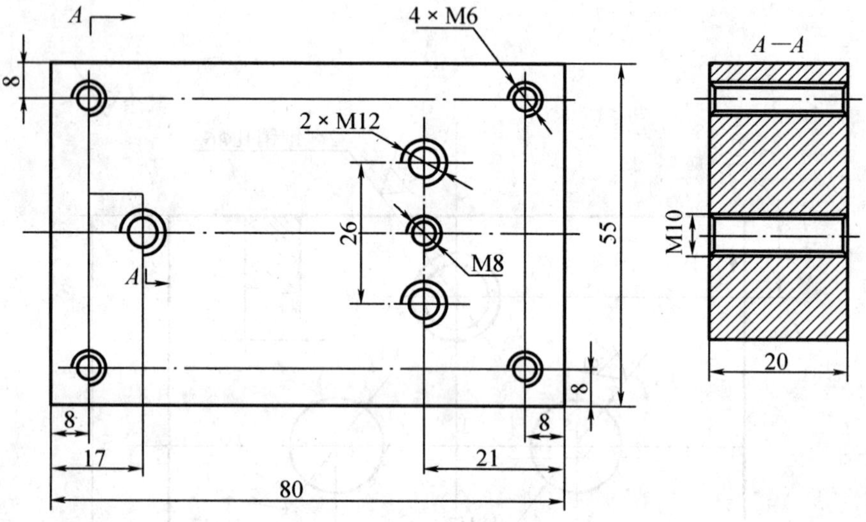

图 9-6 攻 螺 纹

二、练习步骤

1.按图纸要求依次完成划线、钻孔、倒角的工作。
2.分别攻制 M6,M8,M10,M12 螺纹,并用相应的螺栓进行检验。

三、注意事项

1.起攻时,一定要从两个方向检验垂直度并及时校正,这是保证螺纹质量的重要环节。
2.攻螺纹时如何控制两手用力均匀是攻螺纹的基本功,必须努力掌握。

实训六　弯　形

一、练习图纸

弯形练习图纸如图 9 – 7 所示。

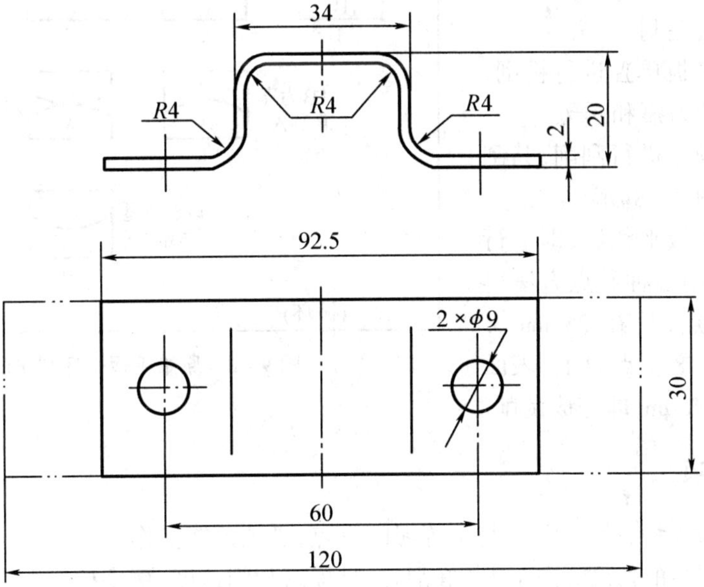

图 9–7　弯　　形

二、练习步骤

1.按图纸要求依次完成下料、锉外形、划线的工作。
2.用手锤对坯料进行弯形。
3.钻孔并进行倒角。

三、注意事项

1.在板料上尽量避免出现大量的锤痕。
2.板料钻孔前必须倒棱和倒角,钻孔必须使用台虎钳夹持以免划伤手。

实训七　原始平板刮研

一、练习要求

1.掌握挺刮法的正确操作姿势和挺刮法刮削平面的操作。
2.掌握原始平板的刮研步骤。
3.掌握粗、细、精刮的方法和要领。

4.掌握正确的刮刀刃磨方法。

5.能解决平面刮削中产生的简单问题。

6.刮削精度要求接触显点每 25 mm × 25 mm 面积内有 18 个点以上，表面粗糙度 $R_a \leqslant$ 0.08 μm，无明显落刀迹。

二、实习步骤

1.将三块平板编号 A、B、C，四周用锉刀倒角去毛刺。

2.将三块平板单独进行粗刮，去除机械加工的刀痕和锈斑。

3.按编号顺序进行刮削，其刮削循环步骤如图 9－8 所示。

4.在确认平板平整后，即进行精刮工序，直至用各种研点方法得到相同的清晰点，且在 25 mm × 25 mm面积内有 18 个点以上，表面粗糙度 $R_a \leqslant 0.08$ μm，即完成刮削。

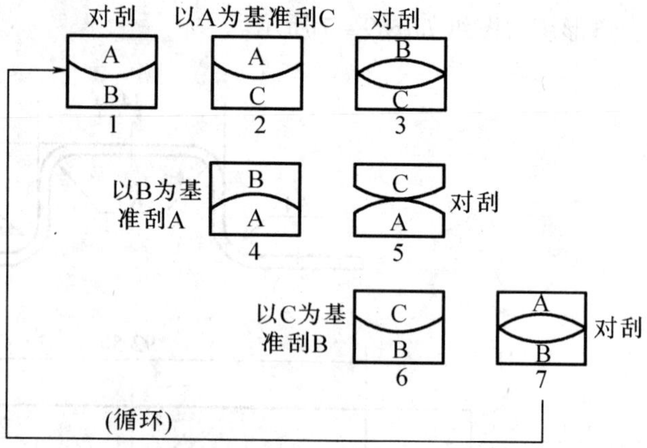

图 9－8　原始平板循环刮研法

三、注意事项

1.达到刮削姿势、动作正确，是本练习的重点，必须严格操作。

2.要重视刮刀的修磨，正确刃磨好刮刀，是提高刮削速度、精度的保证。

3.挺刮时，刮刀柄应安装可靠，防止木柄破裂使刀柄端穿过木柄伤人。

4.刮削中研点方法是先直研(纵向、横向)，后对角研。每三块平板轮刮后应掉换一次研点方法，并在从粗刮到细刮的过程中，研点移动距离应逐渐缩短，显示剂涂层逐步减薄，这样可使显点真实、清晰。

5.刮削时，工件要装夹牢固，大型工件要安放平稳，搬动时要注意安全。

6.刮削至工件边缘时，不可用力过猛，以免发生事故。

7.在刮削中要勤于思考、善于分析，随时掌握工件的实际误差情况，并选择适当的部位进行刮削修正，以便能以最少的加工量和刮削时间来达到技术要求。

表 9－2　评 分 标 准　　　　总得分________

项目	项及及技术要求	实测记录	单次配分	得分
1	姿势(站立、两手)正确		22	
2	刀迹整齐、美观(3 块)		6	
3	接触点每 25 mm × 25 mm 18 个点以上(3 块)		8	
4	点子清晰、均匀、每 25 mm × 25 mm 点数公差 6 点(3 块)		6	

表 9-2(续)

总得分______

项目	项及及技术要求		实测记录	单次配分	得分
5	无明显落刀痕、无丝纹和振痕(3 块)			6	
6	文明生产与安全生产			违者每次扣 2 分	
7	工时定额 48 h	开始时间		每超额 2 h 扣 5 分	
		结束时间			
		实际工时			

实训八　研磨四方体

研磨工件及技术要求如图 9-9 所示。备料工件经过精磨留研磨量 0.024 mm,表面粗糙度为 $R_a = 0.8\ \mu m$。

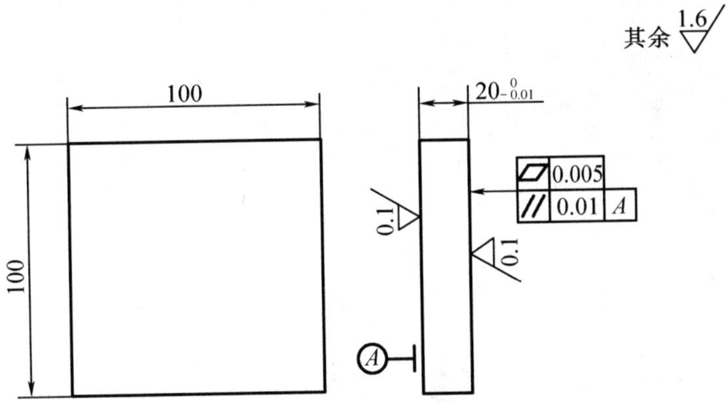

图 9-9　工 件 图 样

技术要求:

1. 材料 45;
2. 热处理 28 ~ 30HB。

一、研磨要求

1. 工件研磨平行平面。
2. 正确的选择磨料、磨粉,并进行研磨剂的配置。
3. 正确使用研磨平板、量具、工具及进行研磨操作。

二、研磨步骤

1. 根据图样上的粗糙度要求配制研磨剂。
2. 准备好研磨平板,粗研磨用有槽平板,精研磨用光滑平板。
3. 准备好工具、百分表、刀口形直尺。
4. 用煤油或汽油把研磨平板清洗干净。

5.将选配好的研磨剂均匀涂在研磨平板上。

6.将要研磨的平面清洗干净后,放在研磨平板上,沿平板全部的平面以8字形往复研磨,先有槽平板后光滑平板。

7.研磨好一个平面后,用同样的研磨方法研磨另一个平面。

8.用煤油清洗干净工件,做最后全面的精度检查。

第十章 综合实训

课题一 四方锤的制作

一、目的要求

1. 掌握钳工基本理论知识。
2. 掌握划线的基本方法。
3. 掌握锯割方法。
4. 掌握锉削方法。
5. 掌握钻孔、攻丝、套丝。

二、培训内容

按工件图加工。

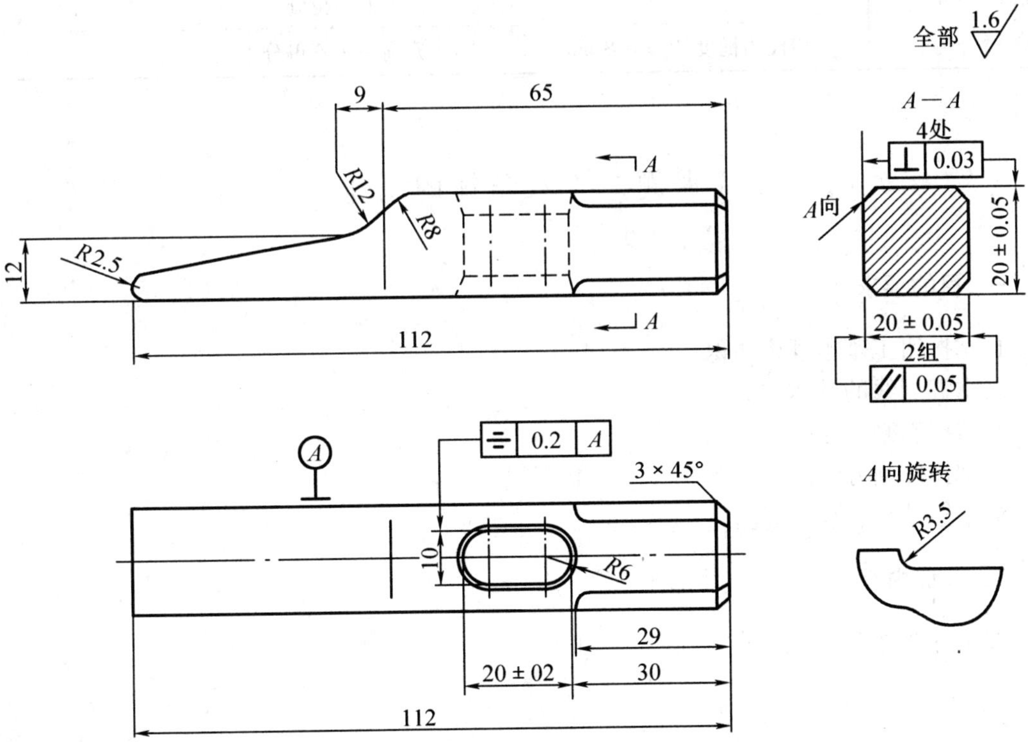

小　　锤

三、操作技能评分表

序号	考核内容	考核要求	配分	评分标准	检验结果	扣分	得分
1	锉削	(20 ± 0.05) mm(2次)	8	超差不得分			
2		⊥ | 0.03 | A	8	超差不得分			
3			6	超差不得分			
4		$R2.5$ 圆弧面圆滑	6	超差不得分			
5		3.5 45°(4处)	8	超差不得分			
6		$R3.5$ 内圆弧连接(4处)	12	超差不得分			
7		$R12$ 与 R8 连接	14	超差不得分			
8		舌部斜平面平直度:0.03 mm	10	超差不得分			
9		各倒角均匀,棱形清晰	6	超差不得分			
10		表面粗糙度 $R_a = 1.6\ \mu m$	4	升高一级不得分			
11	钻孔	(20 ± 0.20) mm	10	超差不得分			
12			4	超差不得分			
13		表面粗糙度 $R_a = 6.3\ \mu m$	4	升高一级不得分			

课题二　八角锤的制作

一、目的要求

1. 掌握钳工基本理论知识。
2. 掌握划线的基本方法。
3. 掌握锯割方法。
4. 掌握锉削方法。
5. 掌握钻孔、攻丝、套丝。

二、实训内容

按工件图加工。

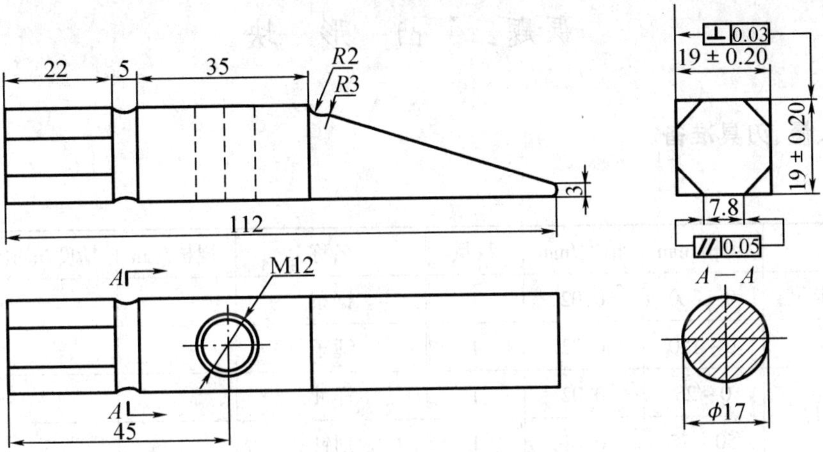

三、操作评分表

序号	考核内容	考核要求	配分	平分标准	检验结果	扣分	得分
1	锉削	(19 ± 0.20) mm(2 处)	8	超差不得差			
2		⊥ 0.03 A	8	超差不得差			
3		~~~~~~~~~~~~~~	6	超差不得差			
4		*R*1 圆弧面圆滑	6	超差不得差			
5		φ17		超差不得差			
6		*R*2 与连接 *R*3	14	超差不得差			
7		舌部斜平面平直度为 0.03 mm	10	超差不得差			
8		各倒角均匀,棱形清晰					
9	钻孔	(19 ± 0.20) mm	10	超差不得差			
10		M12	4	超差不得差			
11		表面粗糙度 $R_a = 6.3\ \mu m$	4	超差不得差			

课题三　凸　形　块

一、工、量、刃具准备

名称	规格/mm	精度/mm	数量	名称	规格/mm	精度/mm	数量
高度游标卡尺	0～300	0.02	1	锯条			自定
游标卡尺	0～150	0.02	1	锤子			1
外径千分尺	0～25	0.02	1	样冲			1
	50～75	0.01	1	划针			1
90°角尺	100×63	一级	1	钢直尺	150		1
刀口形直尺	100		1	狭錾子			自定
塞规	$\phi8$	H9	1	粗扁锉	250		1
手用直铰刀	$\phi8$	H9	1	中扁锉	250，150		各1
丝锥	M8		1副	细扁锉	200，150		各1
麻花钻	$\phi4$，$\phi6.7$ $\phi7.8$，$\phi12$		各1	软钳口			1副
				锉刀刷			1
铰杠			1	毛刷			1
锯弓			1				

二、备料图

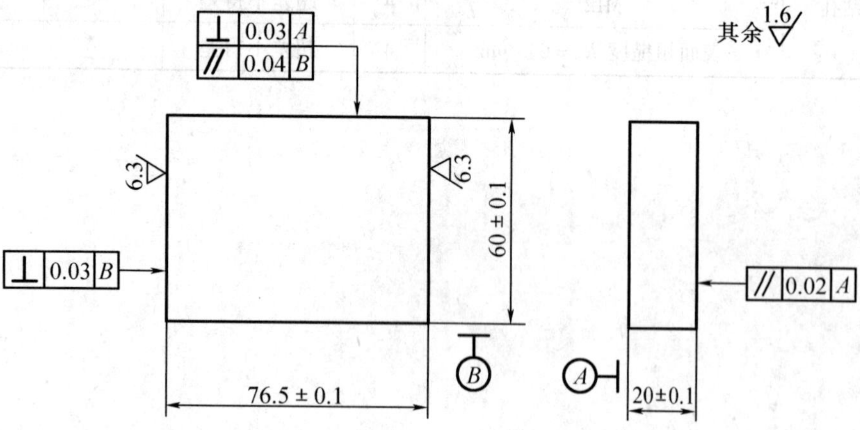

三、试件图

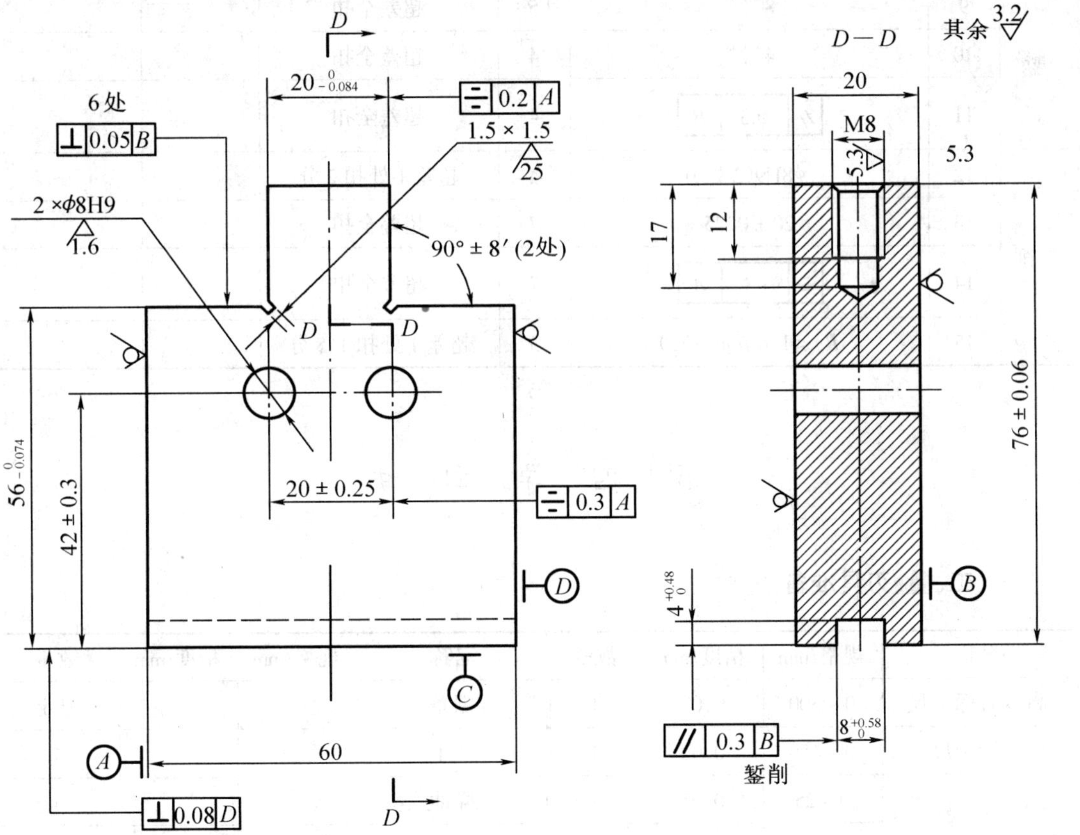

技术要求：

1. 錾削面不考核表面粗糙度；
2. M8 螺孔必须按图加工，否则从总分中扣除 5 分；
3. 去毛刺，孔口倒角 C1。

四、操作技能评分表

项目	序号	考核要求	配分	评分标准	检测结果	得分
锉削	1	$20_{-0.084}^{0}$	8	超差全扣		
	2	$56_{-0.074}^{0}$	14	超差 1 处扣 7 分		
	3	76 ± 0.06	4	超差全扣		
	4	90° ± 8′(2 处)	8	超差 1 处扣 4 分		
	5	⊥ 0.05 B (6 处)	15	超差 1 处扣 2.5 分		
	6	⊥ 0.08 D	3	超差全扣		
	7	⌯ 0.2 A	8	超差全扣		
	8	$R_a \leqslant 3.2\ \mu m$(6 处)	6	超差 1 处扣 1 分		

（续）

项目	序号	考核要求	配分	评分标准	检测结果	得分
錾	9	$8^{+0.58}_{0}$	5	超差全扣		
	10	$4^{+0.48}_{0}$	4	超差全扣		
	11	∥ 0.3 B	4	超差全扣		
铰削	12	ϕ8H9(2处)	4	超差1处扣2分		
	13	20±0.25	7	超差全扣		
	14	⌯ 0.3 A	7	超差全扣		
	15	$R_a \leqslant 1.6\ \mu m$(2处)	3	超差1处扣1.5分		

课题四　导　向　块

一、工、量、刃具准备

名称	规格/mm	精度/mm	数量	名称	规格/mm	精度/mm	数量
高度游标卡尺	0~300	0.02	1	锯条			自定
游标卡尺	0~150	0.02	1	锤子			1
外径千分尺	0~25	0.01	1	样冲			1
	25~50	0.01	1	划针			1
	50~75	0.01	1	钢直尺	150		1
游标万能角度尺	0°~320°	2′	1	狭錾子			1
90°角尺	100×63	0级	1	粗扁锉	300		1
刀口形直尺	100		1	中扁锉	250,200		各1
塞规	ϕ10	H8	1	细扁锉	200,150		各1
螺纹塞规	M10	H7	1	细三角锉	150		1
手用直铰	ϕ10	H8	1	平面刮刀			1
麻花钻	ϕ4,ϕ8.4 ϕ9.8,ϕ12		各1	软钳口			1副
				锉刀刷			1
丝锥	M10	7H	1副	毛刷			1
铰杠			1	油石			1
锯弓			1				

二、备料图

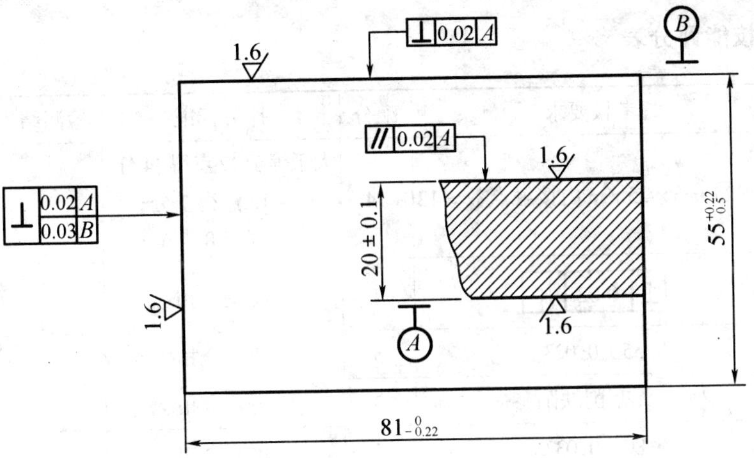
0.02 A
B
1.6
0.02 A
1.6
0.02 A
0.03 B
20 ± 0.1
1.6
1.6
A
55 +0.22 0.5
81 -0.22 0

三、试件图

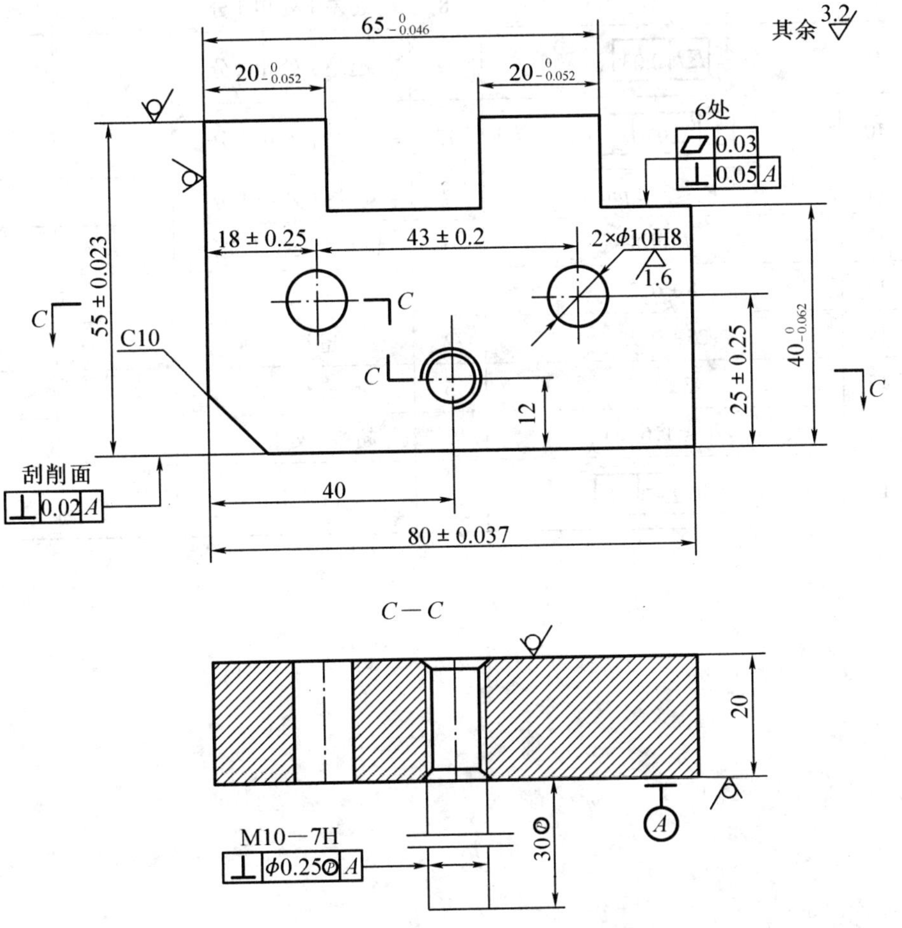
65 -0.046 0
其余 3.2
20 -0.052 0
20 -0.052 0
6处
0.03
0.05 A
18 ± 0.25
43 ± 0.2
2×ϕ10H8
1.6
C
C
55 ± 0.023
C10
C
40 -0.062 0
25 ± 0.25
C
12
刮削面
0.02 A
40
80 ± 0.037
C—C
20
A
M10—7H
ϕ0.25 A
30

技术要求：

1. 刮削面每 25 mm ×25 mm 内的接触点数不少于 12 点，表面粗糙度不考核。
2. 螺纹孔口倒角 C1.5。

四、操作技能评分表

项目	序号	考核要求	配分	评分标准	检测结果	得分
刮削	1	每 25 mm×25 mm 内接触点数≥12	14	大于等于 12 点得 14 分； 8～12 点得 7 分； 小于等于 8 点全扣		
	2	⊥ 0.02 A	4	超差全扣		
	3	55±0.023	5	超差全扣		
	4	无刮削缺陷	3	超差全扣		
锉削	5	80±0.037	4	超差全扣		
	6	$65_{-0.046}^{\ 0}$	4	超差全扣		
	7	$20_{-0.052}^{\ 0}$	8	超差 1 处扣 4 分		
	8	$40_{-0.062}^{\ 0}$	8	超差 1 处扣 4 分		
	9	▱ 0.03	12	超差 1 处扣 2 分		
	10	⊥ 0.05 A	12	超差 1 处扣 2 分		
	11	$R_a \leqslant 3.2\ \mu m$	7	超差 1 处扣 1 分		
铰削	12	ϕ10H8	3	超差 1 处扣 1.5 分		
	13	18±0.25	2	超差全扣		
	14	25±0.25	2	超差全扣		
	15	43±0.2	5	超差全扣		
	16	$R_a \leqslant 1.6\ \mu m$	2	超差 1 处扣 1 分		
	17	⊥ 0.25Ⓟ A	5	超差全扣		

课题五　直角配件

一、工、量、刃具准备

名称	规格/mm	精度/mm	数量	名称	规格/mm	精度/mm	数量
高度游标卡尺	0~300	0.02	1	铰杠			1
游标卡尺	0~150	0.02	1	锯弓			1
外径千分尺	0~25	0.01	1	锯条			自定
	25~50	0.01	1	锤子			1
	50~75	0.01	1	样冲			1
游标万能角度尺	0°~320°	2′	1	划针			1
90°角尺	100×63	0级	1	钢直尺	150		1
刀口形直尺	100		1	粗扁锉	250		1
百分表	0~10		1	中扁锉	250,200		各1
磁性表座			1	细扁锉	200,150		各1
塞尺	0.02~1		1	细三角锉	200		1
塞规	φ10	H8	1	平面刮			1
麻花钻	φ6,φ9.8		各1	软钳口			1副
	φ10,φ12.5			锉刀刷			1
	φ10平底锪钻		1	毛刷			1
手用直铰刀		H8	1	油石			1

二、备料图

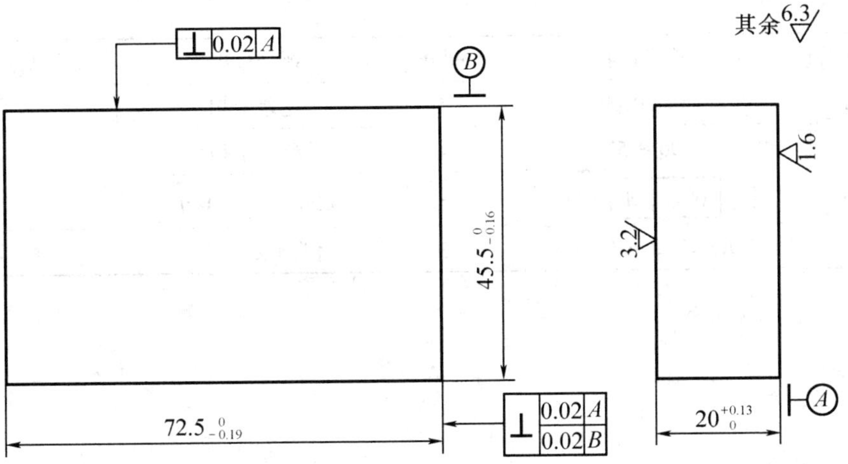

三、试件图

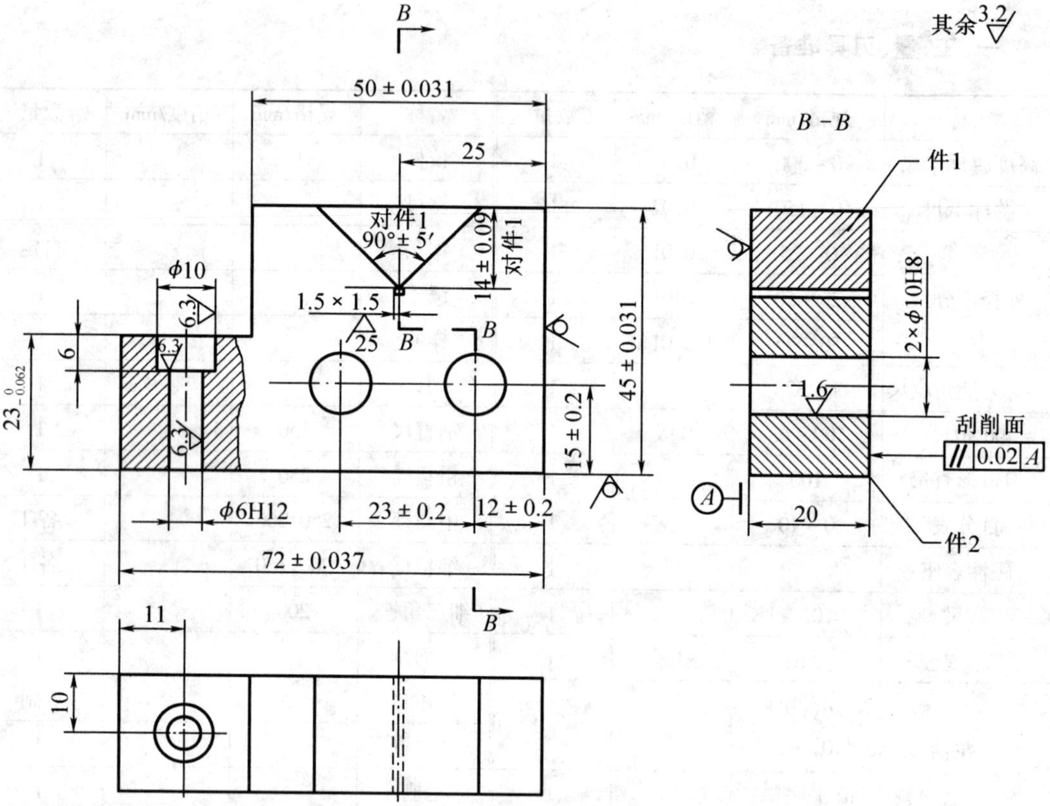

技术要求：

1. 以件 1 为基准、件 2 配件，互换配合间隙≤0.04 mm，上侧错位量≤0.05 mm；
2. 刮削面（件 2）每 25 mm × 25 mm 内接触点不少于 12 点，表面粗糙度不考核；
3. 各锉削面对基准 A 的垂直度误差为 0.03 mm。

四、操作技能评分表

项目	序号	考核要求	配分	评分标准	检测结果	得分
件 1	1	14 ± 0.09	5	超差全扣		
	2	90° ± 5′	4	超差全扣		
	3	⊥ 0.03 A （3 处）	3	超差 1 处扣 1 分		
	4	$R_a \leqslant 3.2$ μm（3 处）	3	超差 1 处扣 1 分		

（续）

件2	5	72 ± 0.037	4	超差全扣		
	6	45 ± 0.031	4	超差全扣		
	7	50 ± 0.031	4	超差全扣		
	8	$23_{-0.052}^{0}$	4	超差全扣		
	9	⊥ | 0.03 | A （6处）	6	超差1处扣1分		
	10	R_a ≤ 3.2 μm（6处）	6	超差1处扣1分		
	11	每25 mm × 25 mm内接触点数≥12	16	大于等于11点得满分；8 ~ 11点得8分；小于8点全扣		
	12	// | 0.03 | A	5	超差全扣		
	13	无刮削缺陷	3	超差全扣		
	14	ϕ10H8（2处）	4	超差1处扣2分		
	15	23 ± 0.2	4	超差全扣		
	16	15 ± 0.2（2处）	2	超差1处扣1分		
	17	12 ± 0.2	1	超差全扣		
	18	R_a ≤ 1.6 μm（2处）	2	超差1处扣1分		
	19	ϕ6H12	1	超差全扣		
	20	ϕ10 × 6沉孔正确	2	超差全扣		
配合	21	间隙≤0.04（4处）	12	超差1处扣3分		
	22	错位量≤0.05（2处）	5	超差1处扣2.5分		

课题六　锉配变角板

一、工、量、刃具准备

名称	规格/mm	精度/mm	数量	名称	规格/mm	精度/mm	数量
游标高度尺	0 ~ 300	0.02	1	平锉	150		1
游标卡尺	0 ~ 150	0.02	1		100		1
万能角度尺	0° ~ 320°	2′	1	三角锉	150		1
千分尺	0 ~ 25	0.01	1	直柄麻花钻	200		1
	50 ~ 75	0.01	1		ϕ4		1
	75 ~ 100	0.01	1		ϕ8		1
90°角尺	100 × 63	一级	1		ϕ11		1
刀口尺	125		1	锯弓			1
塞尺	0.02 ~ 0.5		1	锯条			自定
塞规	ϕ10	H7	1	手锤			1
百分表	0 ~ 0.8	0.01	1	样冲			1
表架			1	划规			1
V形铁			1	划针			1
平锉	250(1纹号)		1	钢直尺	0 ~ 105		1
	200(1纹号)		1	软钳口			1副
	200(1纹号)		1	锉刀刷			1

二、备料图

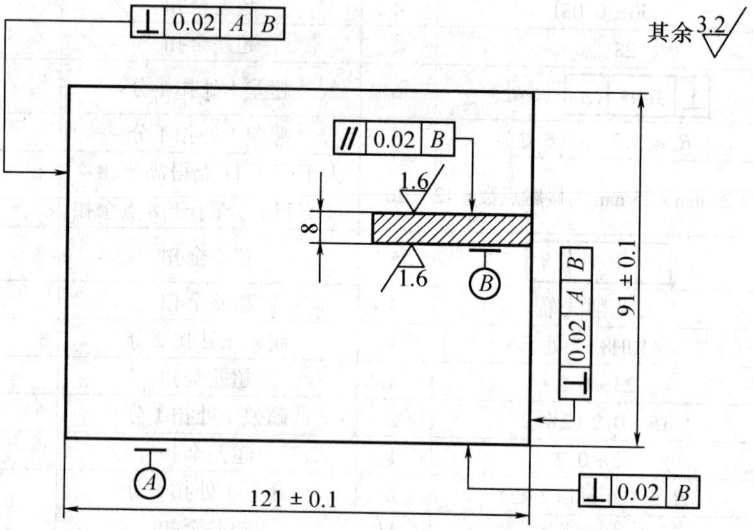

三、试件图

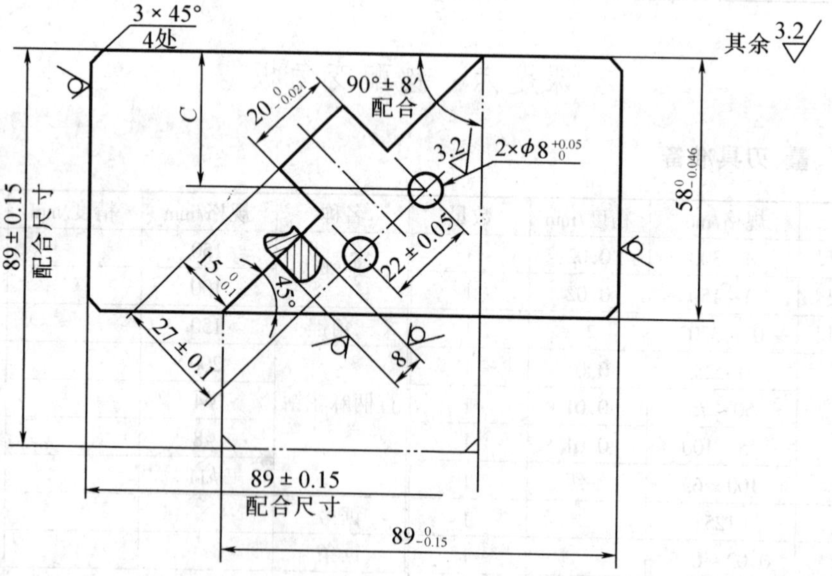

技术要求：

1.上图所示情况下配合外侧面错位量小于等于 0.06 mm，配合间隙（包括右件翻转 180°，图中双点划线）检测 2 次，应小于等于 0.04 mm，两孔分别距凹件长边的距离变化量是 $\Delta C \leqslant 0.30$ mm。

2.以凸件为基准，凹件配作。

四、操作技能评分表

序号	考核内容	考核要求	配分	评分标准	检测结果	得分
1	锉	$58_{-0.046}^{\ 0}$	8	超差不得分		
2		$20_{-0.021}^{\ 0}$	7	超差不得分		
3		$15_{0.1}^{0}$	6	超差不得分		
4		$R_a \leqslant 3.2\ \mu m$(14处)	7	升高一级不得分		
5		89±0.15(2处)	7	超差不得分		
6	配	配合间隙≤0.04	20	超差不得分		
7		$\Delta C \leqslant 0.30$	6	超差不得分		
8		错位量≤0.06	8	超差不得分		
9		90°±8′	6	超差不得分		
10	钻孔	$28_{\ 0}^{+0.05}$	4	超差不得分		
11		22±0.05	6	升高一级不得分		
12		$R_a \leqslant 3.2\ \mu m$(14处)	3	升高一级不得分		

课题七　五方合套

一、工、量、刃具准备

名称	规格/mm	精度/mm	数量	名称	规格/mm	精度/mm	数量
游标高度尺	0~300	0.02	1	平锉	250(1号纹)		1
游标卡尺	0~150	0.02	1		200(2号纹)		1
千分尺	0~300	0.01	1		200(3号纹)		1
	0~25	0.01	1		150(4号纹)		1
万能角度尺	0°~320°	2′	1		100(4号纹)		1
正弦规	100×80		1	三角锉	150(2号纹)		1
V形架		0.01	1	手用圆柱铰刀	ϕ10	H7	1
百分表	0~0.8		1	铰杠			1
表架			1	平板	280×330	二级	1
塞尺	0.02~0.5		1	划针			1
塞规	ϕ10	H7	1	整形锉			1
刀口尺	125		1	手锤			1
90°角尺	100×63		1	样冲			1
检验棒	ϕ10×120	H6	1	划规			1
直柄麻花钻	ϕ4		1	钢直尺	0~150		1
	ϕ9.8		1	软钳口			1副
	ϕ9.9		1	锉刀刷			
	ϕ12		1				

二、备料图

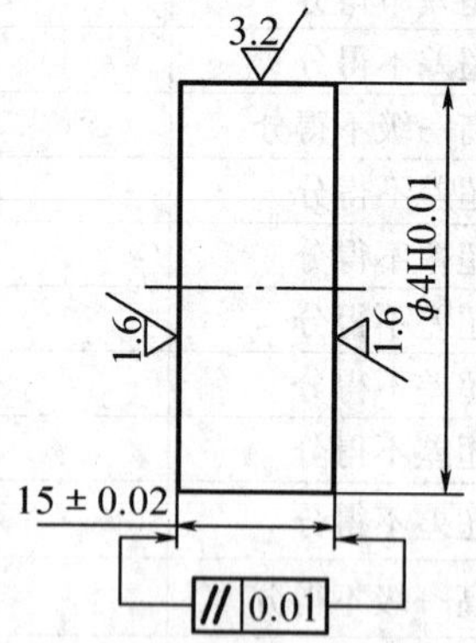

(a)

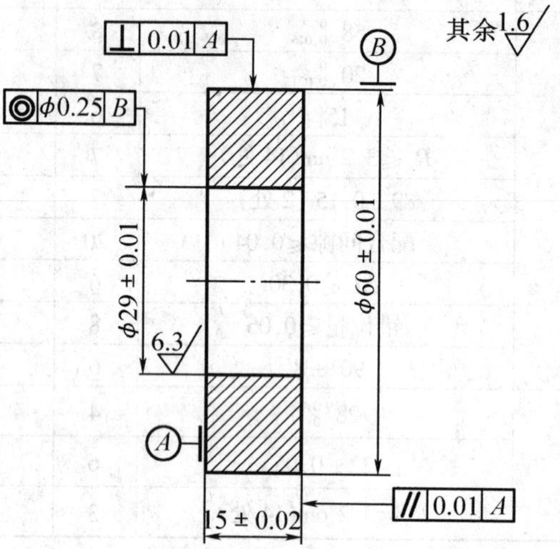

(b)

三、试件图

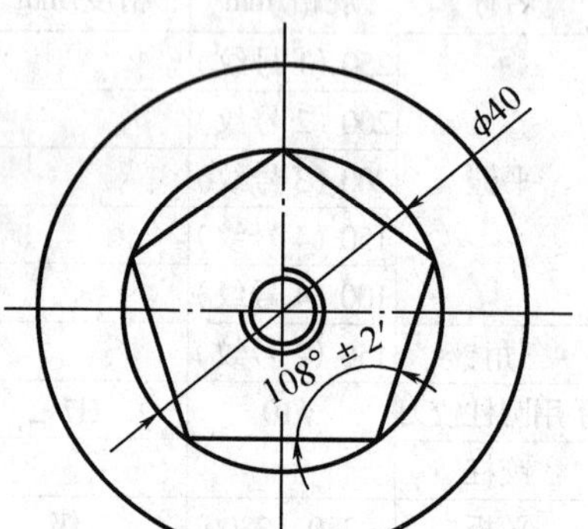

(a)

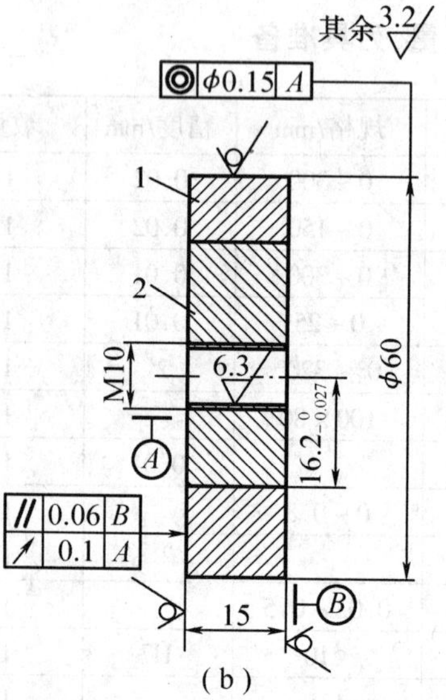

(b)

技术要求：

件 2 五方孔以件 1 为基准配作，配合互换间隙≤0.04 mm。

四、操作技能评分表

序号	考核内容	考核要求	配分	评分标准	检测结果	得分
1	锉配	108° ± 2′(5处)	15	超差不得分		
2		$16.2_{-0.027}^{0}$(5处)	10	超差不得分		
3		$R_a \leqslant 3.2\ \mu m$(5处)	5	升高一级不得分		
4		// 0.03 A	5	超差不得分		
5		◎ ϕ0.15 A	5	超差不得分		
6		↗ 0.10 A	5	超差不得分		
7		配合间隙≤0.04(5处)	30	超差不得分		
8	攻螺纹	M10	10	超差不得分		
9		$R_a \leqslant 6.3\ \mu m$	5	升高一级不得分		

课题八　燕尾镶配

一、工、量、刃具准备

名称	规格/mm	精度/mm	数量	名称	规格/mm	精度/mm	数量
游标高度尺	0～300	0.02	1	平锉	250 (1号纹)		1
游标卡尺	0～150	0.02	1		200 (2号纹)		1
千分尺	0～300	0.01	1		200 (3号纹)		1
	0～25	0.01	1		150 (4号纹)		1
90°角尺	100×63	一级	1		100 (4号纹)		1
刀口尺	125		1	三角锉	150 (3号纹)		1
检验棒	ϕ10×120	H6	1	方锉	250(24号纹)		
塞尺	0.02～0.5		1	整形锉			1
直柄麻花钻	ϕ2		1	手锤			1
	ϕ4		1	样冲			1
	ϕ8		1	划规			1
	ϕ11		1	软钳口			1副
钢直尺	0～150		1	锉刀刷			1
锯弓			1	锯条			自定

二、备料图

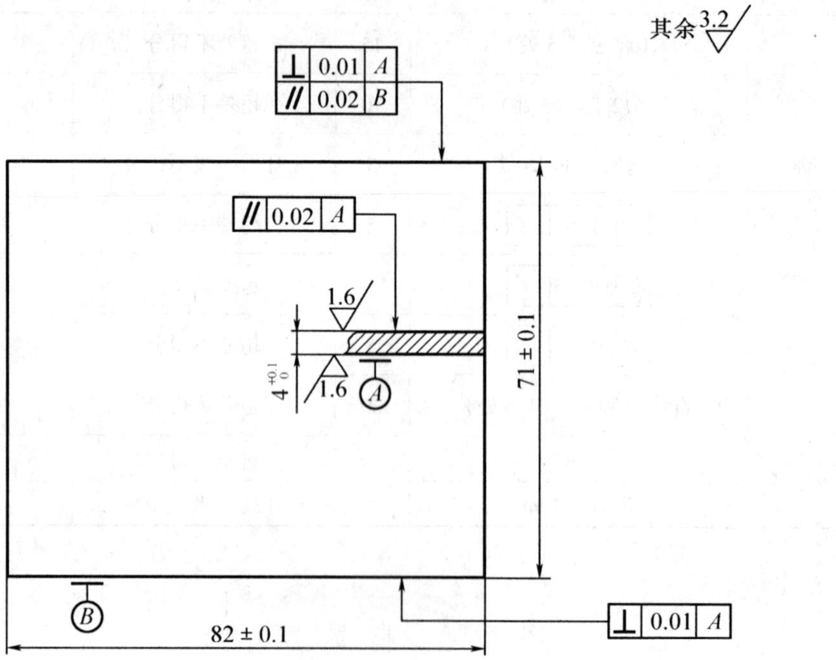

三、试件图

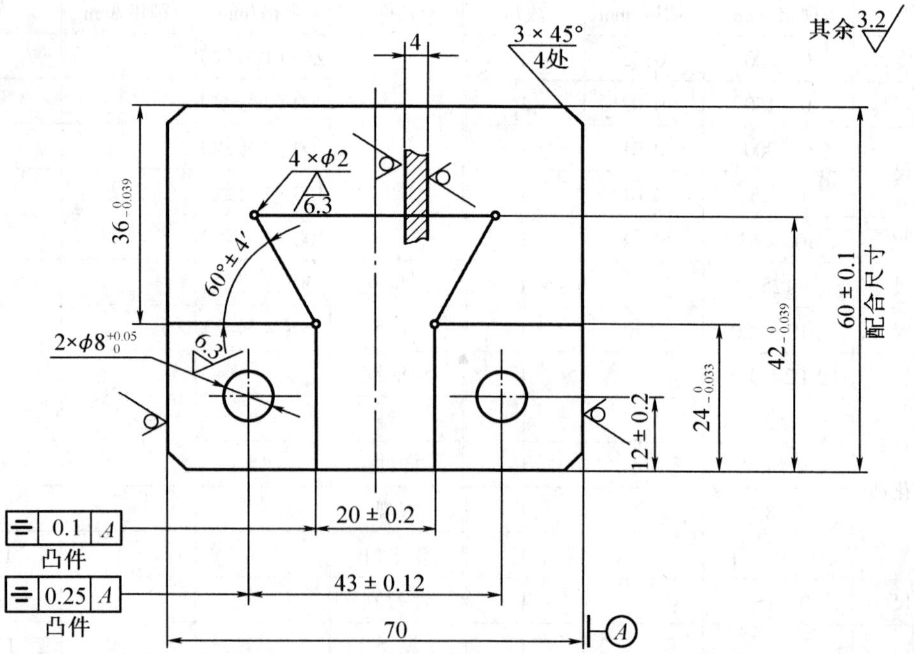

技术要求：

以凸件(下)为基准,配作凹件(上),配合互换间隙≤0.04 mm,两侧错位量≤0.06 mm。

四、操作技能评分表

序号	考核内容	考核要求	配分	评分标准	检测结果	得分
1	锉配	$42_{-0.039}^{0}$	8	超差不得分		
2		$36_{-0.039}^{0}$	8	超差不得分		
3		$24_{-0.033}^{0}$	7	超差不得分		
4		60° ± 4′(2 处)	10	超差不得分		
5		20 ± 0.20	3	超差不得分		
6		$R_a \leqslant 3.2\ \mu m$ (2 处)	2	升高一级不得分		
7		⌯ 0.1 A	10	超差不得分		
8		配合间隙⩽0.04 (5 处)	20	超差不得分		
9		错位量⩽0.06	10	超差不得分		
10	钻孔	$2\phi 8_{0}^{+0.05}$(2 处)	2	超差不得分		
11		12 ± 0.20 (2 处)	2	超差不得分		
12		43 ± 0.12	2	超差不得分		
13		$R_a \leqslant 6.3\ \mu m$ (2 处)	5	升高一级不得分		
14		⊥ 0.05 A	3	超差不得分		

课题九　V 形 对 配

一、教学目的

1. 掌握较复杂对称件的加工方法。
2. 提高测量和锉配技能。

二、工、量、刃具清单

名称	规格/mm	精度/mm	数量	名称	规格/mm	精度/mm	数量
高度游标卡尺	0 ~ 300	0.02	1	铰杠			1
游标卡尺	0 ~ 150	0.02	1	锯弓			1
外径千分尺	0 ~ 25	0.01	1	锯条			自定
	25 ~ 30	0.01	1	锤子			1
游标万能角度尺	0° ~ 320°	2′	1	狭錾子			1
90°角尺	100 × 63	0 级	1	样冲			1

（续）

名称	规格/mm	精度/mm	数量	名称	规格/mm	精度/mm	数量
刀口形直尺	100		1	划针			1
百分表	0～10	0.01	1	钢直尺	150		1
磁性表座			1	粗扁锉	250		1
V形铁			1	中扁锉	200,150		各1
塞尺	0.02～1		1	细扁锉	150		1
塞规	$\phi8$	H7	1	细三角锉	150		1
麻花钻	$\phi4,\phi7.8,\phi12$		各1	软钳口			1副
				锉刀刷			1
直铰刀	$\phi8$	H7	1	毛刷			1

三、坯料图

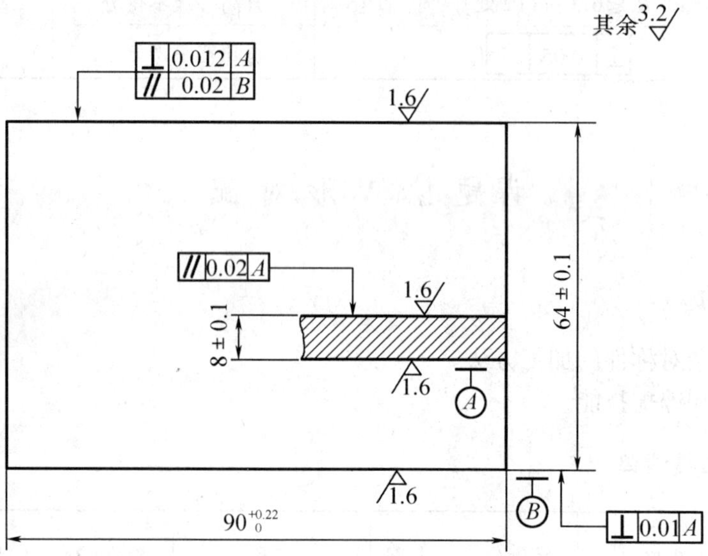

四、试件图

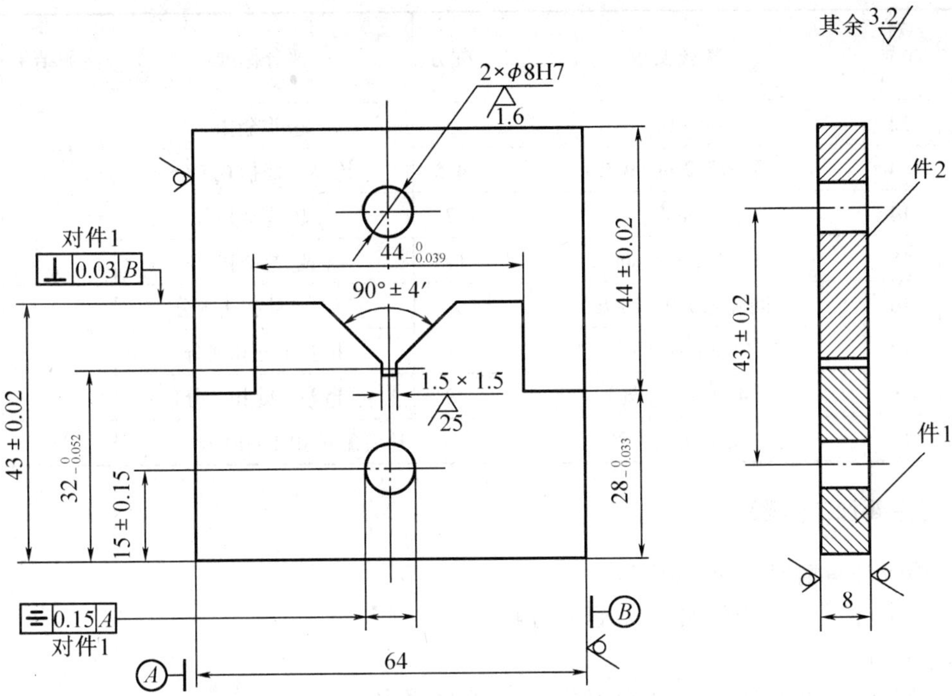

技术要求：

1.以件1为基准，件2配作。互换配合间隙≤0.05 mm，两侧错位量≤0.06 mm；

2.孔距(43 ± 0.2) mm，交换检测两次。

五、检测评分表(图号 QZ－406)

项目	序号	考核要求	配分	评分标准	检测结果	得分
件1	1	$44_{-0.039}^{0}$	6	超差全扣		
	2	$32_{-0.052}^{0}$	5	超差全扣		
	3	$28_{-0.033}^{0}$(2处)	8	超差1处扣4分		
	4	43 ± 0.02	4	超差分扣		
	5	90° ± 4′	4	超差全扣		
	6	⊥ 0.03 B	3	超差全扣		
	7	R_a≤3.2 μm(9处)	4.5	超差1处扣0.5分		
	8	ϕ8H7	2	超差全扣		
	9	15 ± 0.15	3	超差全扣		
	10	⌯ 0.15 A	6	超差全扣		
	11	R_a≤1.6 μm	1.5	超差全扣		

（续）

项目	序号	考核要求	配分	评分标准	检测结果	得分
件2	12	44 ± 0.02	5	超差全扣		
	13	$R_a \leqslant 3.2\ \mu m$(9处)	4.5	超差1处扣0.5分		
	14	ϕ8H7	2	超差全扣		
	15	$R_a \leqslant 1.6\ \mu m$	1.5	超差全扣		
配合	16	间隙≤0.05(16处)	24	超差1处扣1.5分		
	17	错位量≤0.06(2处)	8	超差1处扣4分		
	18	43 ± 0.2(2处)	8	超差1处扣4分		
其他	19	安全文明生产	违者酌情扣1～10分			

六、主要加工步骤

1.检查坯料情况，作必要修整。
2.划出件1、件2全部加工线，锯割分料。
3.加工件1
(1)锯、锉加工V形，注意控制对称，达到图样要求。
(2)先后加工两侧直角，达到对称度和尺寸要求。
(3)锉削外形尺寸(43 ± 0.02) mm，达到尺寸公差。
4.加工件2
(1)钻排孔，锯割去除余料，并粗锉接近尺寸线。
(2)细锉两侧面，并用件1试塞，达到较紧塞入。
(3)以两侧为导向，以件1为基准，配锉件2，达到配合互换间隙。
5.划线，钻、铰孔。
6.去毛刺，复检全部精度要求。

课题十　插槽三件套

一、教学目的

1.掌握三件组合的加工次序及方法。
2.会根据基准件合理确定配件部分公差。
3.提高综合锉配技能。

二、工、量、刃具清单

名称	规格/mm	精度/mm	数量	名称	规格/mm	精度/mm	数量
高度游标卡尺	0～300	0.02	1	锤子			1
游标卡尺	0～150	0.02	1	狭錾子			1
外径千分尺	0～25	0.01	1	样冲			1
	25～50	0.01	1	划针			1

（续）

名称	规格/mm	精度/mm	数量	名称	规格/mm	精度/mm	数量
90°角尺	100×63	0 级	1	钢直尺	150		1
刀口形直尺	100		1	粗扁锉	250		1
塞尺	0.02~1		1	中扁锉	200，150		各 1
塞规	ϕ8	H7	1	细扁锉	150		1
麻花钻	ϕ2.5，ϕ4，ϕ6，ϕ9.8，ϕ12		各 1	粗方锉	200		1
				细方锉	200		1
直铰刀	ϕ10	H7	1	软钳口			1 副
铰杠			1	锉刀刷			1
锯弓			1	毛刷			1
锯条			自定				

三、坯料图

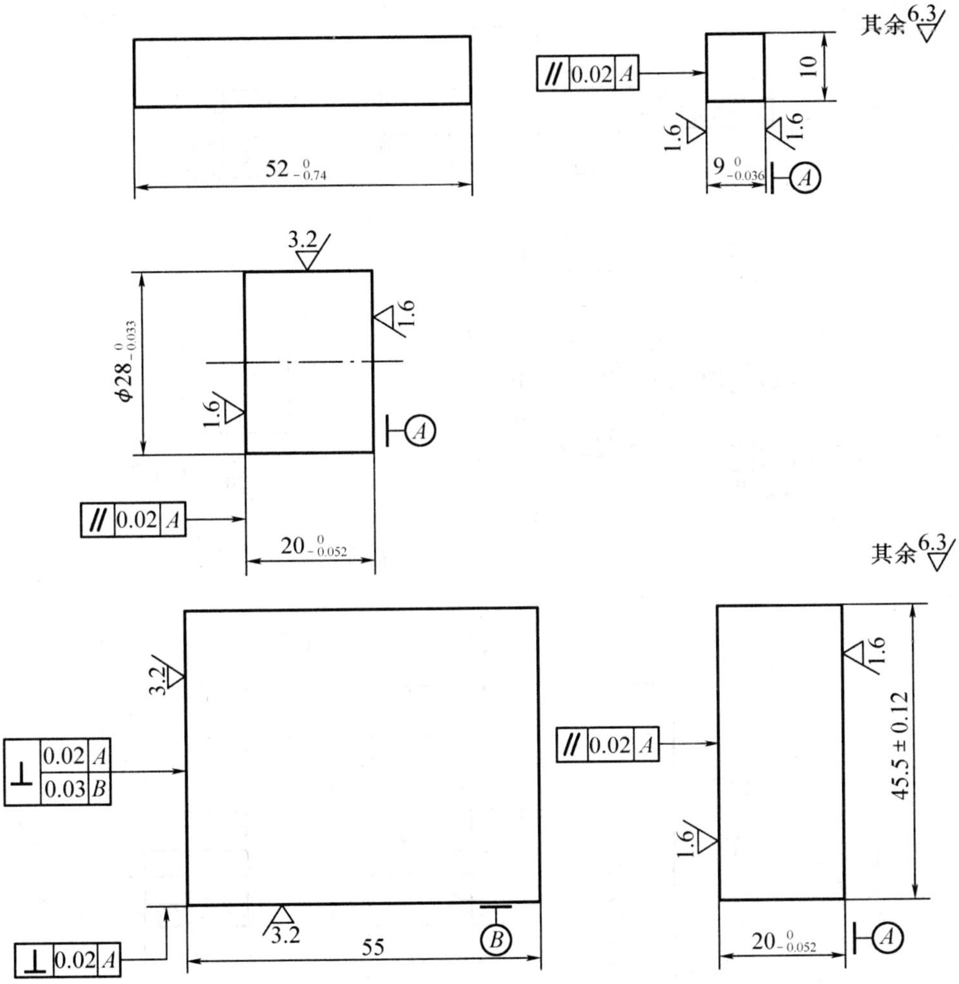

四、试件图

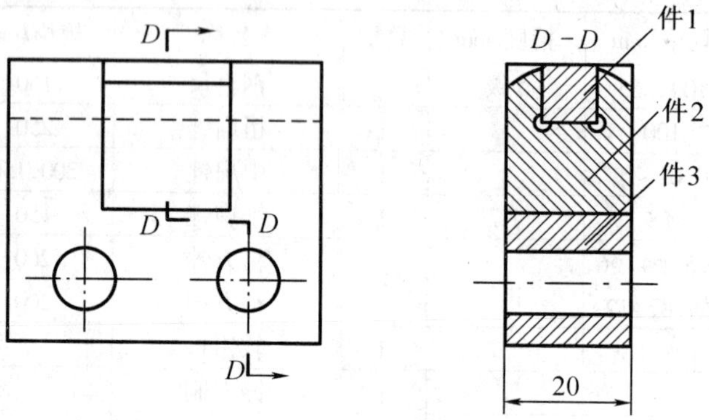

技术要求：

1. 件 1、件 2、件 3 按图示配合后，配合间隙≤0.05 mm；
2. 件 1、件 2、件 3 配合后，上侧错位置及件 2 与件 3 大平面之间错位量均小于等于 0.08 mm；
3. 锯割必须一次完成，不得接锯、修锯和横锯，锯割面不考核粗糙度。

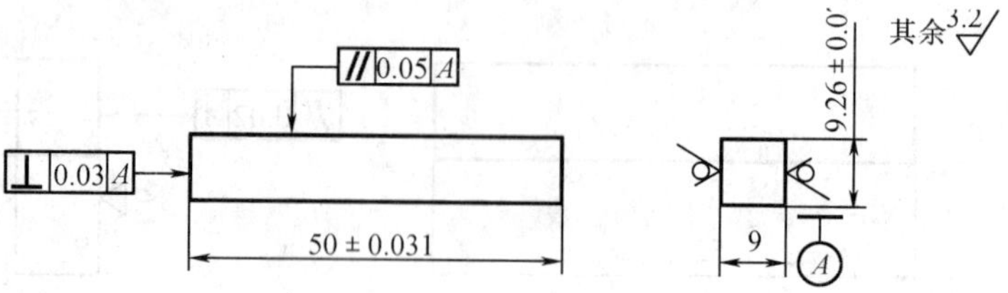

(a)

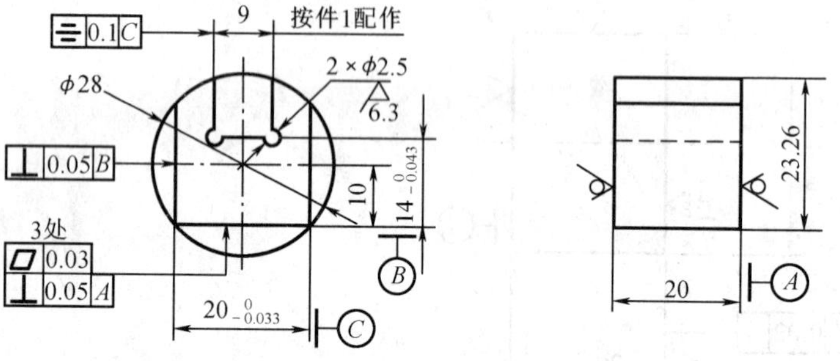

(b)

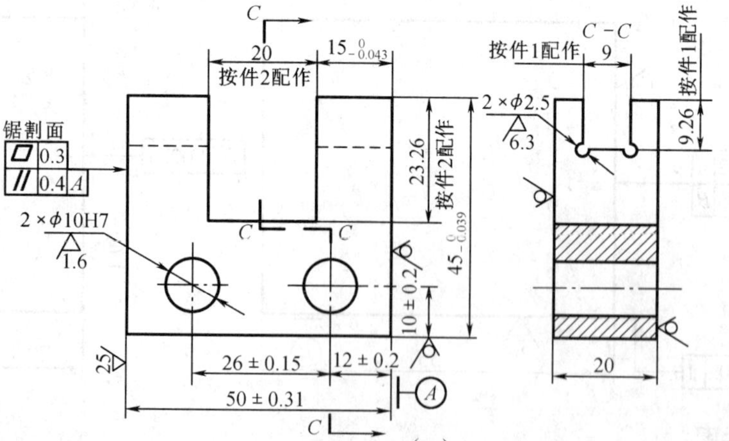

(c)

(a)件 1：插销；(b)件 2：镶块；(c)件 3：底座

五、检测评分表(QZ－409)

项目	序号	考核要求	配分	评分标准	检测结果	得分
件1	1	50±0.031	3	超差全扣		
	2	9.26±0.027	3	超差全扣		
	3	∥ 0.05 A	3	超差全扣		
	4	⊥ 0.03 A	2	超差全扣		
	5	$R_a \leqslant 3.2\ \mu m$(4处)	2	超差1处扣0.5分		
件2	6	$20_{-0.033}^{0}$	4	超差全扣		
	7	$14_{-0.043}^{0}$	4	超差全扣		
	8	⏥ 0.03 (3处)	6	超差1处扣2分		
	9	⊥ 0.05 A (3处)	6	超差1处扣2分		
	10	⊥ 0.05 B	3	超差全扣		
	11	⌯ 0.1 C	4	超差全扣		
	12	$R_a \leqslant 3.2\ \mu m$(6处)	3	超差1处扣0.5分		
件3	13	$45_{-0.039}^{0}$	4	超差全扣		
	14	$14_{-0.043}^{0}$	3	超差全扣		
	15	10±0.2(2处)	4	超差1处扣2分		
	16	12±0.2	2	超差全扣		
	17	26±0.15	4	超差全扣		
	18	ϕ10H7(2处)	2	超差1处扣1分		
	19	50±0.31	4	超差全扣		
	20	⏥ 0.03	2	超差全扣		
	21	∥ 0.4 A	2.5	超差全扣		
	22	$R_a \leqslant 3.2\ \mu m$(7处)	3.5	超差1处扣0.5分		
	23	$R_a \leqslant 1.6\ \mu m$(2处)	2	超差1处扣1分		
配合	24	间隙≤0.04(12处)	18	超差1处扣1.5分		
	25	错位时≤0.08(2处)	6	超差1处扣3分		
其他	26	安全文明生产	违者酌情扣1～10分			

六、主要加工步骤

1.检查坯料情况,作必要修整。

2.加工件1,达到图样要求。

3.加工件2

(1)任选一外平面加工,达到平面度与形位公差要求,并控制其与对边母线之间的尺寸。

(2)以已加工面为基准,划出外形线,加工外形达到图样要求。

(3)划出内槽加工件,钻工艺孔、排孔,锯割去除余料,并以件1厚度尺寸9 mm为基准配作。

(4)去毛刺,检查。

4.加工件3

(1)按凸样划出加工线,加工外形尺寸45 mm,达到图样要求。

(2)钻排孔,锯割去除20 mm凹槽余料,并以件2尺寸$20_{-0.033}^{0}$配作,达到图样要求。

(3)钻工艺孔、排孔,锯割去除尺寸9 mm凹槽余料,并以件1尺寸9 mm为基准配作,达到技术要求。

(4)锯割尺寸50 mm,达到图样要求。

(5)去毛刺,检查。

5.配合组合,并作必要修整。

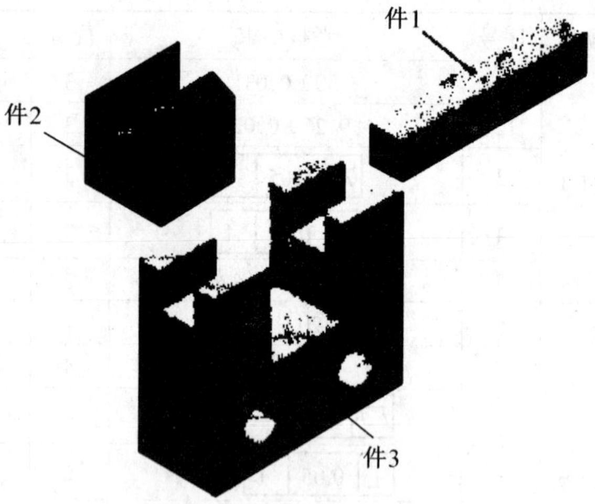

装配示意图

课题十一　连　接　轴

一、教学目的

1.掌握轴类零件的划线、测量方法。

2.掌握在圆弧面上找正钻孔的技能。

二、工、量、刃具清单

名称	规格/mm	精度/mm	数量	名称	规格/mm	精度/mm	数量
高度游标卡尺	0~300	0.02	1	锯弓			1
游标卡尺	0~150	0.02	1	锯条			自定
外径千分尺	0~25	0.01	1	锤子			1
	25~50	0.01	1	狭錾子			1
深度千分尺	0~25	0.01	1	样冲			1
90°角尺	100×63	0级	1	划针			1
刀口形直尺	100		1	钢直尺	150		1
杆杠百分表	0~0.8	0.01	1	粗扁锉	250		1
磁性表座			1	中扁锉	200,150		各1
V形铁			1	细扁锉	150		1
塞尺	0.02~1		1	粗方锉	250		1
塞规	$\phi10$	H7	1	细方锉	200		1
麻花钻	$\phi4$,$\phi6$,		各1	软钳口			1副
	$\phi9.8$,$\phi12$			锉刀刷			1
手用直铰刀	$\phi10$	H7	1	毛刷			
锉杠			1				

三、坯料图

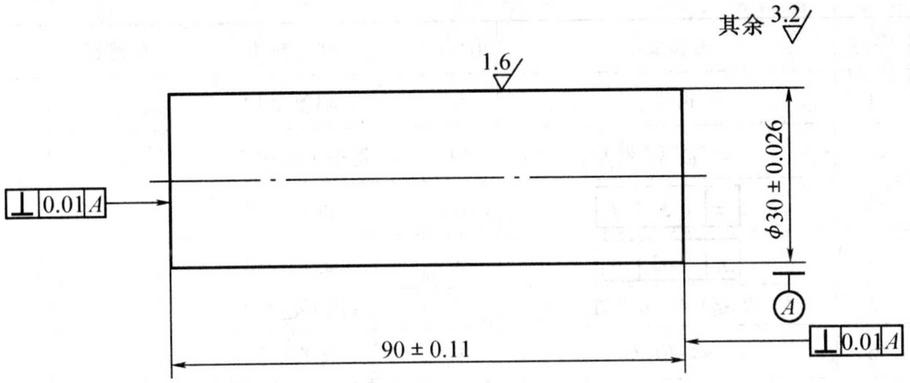

四、试件图

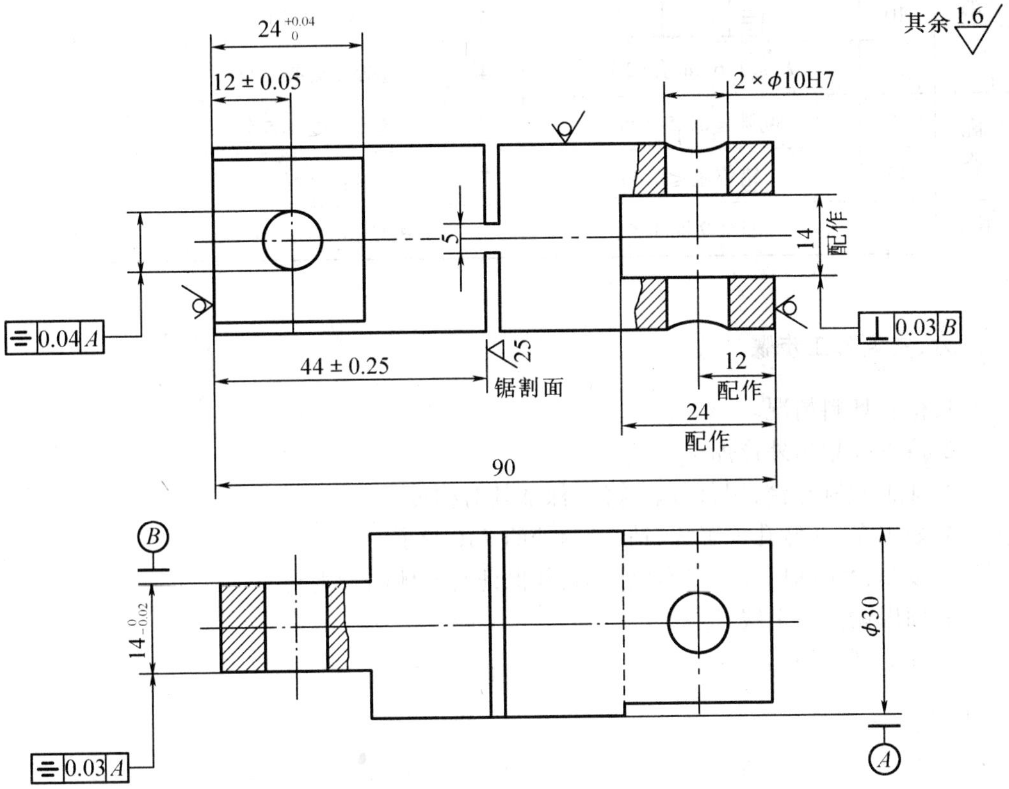

技术要求：

1. 以凸件(左)为基准，凹件(右)配作；

2. 检测时将工件沿锯缝断开配合，用 φ9.9 的检验棒插入凹凸件 φ10H7 孔中，配合间隙 ≤0.05 mm，外圆面的错位量 ≤0.06 mm。

五、检测评分表(QZ－601)

项目	序号	考核要求	配分	评分标准	检测结果	得分
锉削	1	$14^{0}_{-0.02}$	8	超差全扣		
	2	$24^{+0.04}_{0}$(2处)	14	超差1处扣7分		
	3	⌯ 0.3 A	8	超差全扣		
	4	⊥ 0.03 B	6	超差全扣		
	5	$R_a \leqslant 1.6\ \mu m$(7处)	7	超差1处扣1分		
锯割	6	44±0.25	5	超差全扣		
	7	5	2	超差全扣		
铰削	8	12±0.05	5	超差全扣		
	9	ϕ10H7(2处)	4	超差1处扣2分		
	10	⌯ 0.3 A	5	超差全扣		
	11	$R_a \leqslant 1.6\ \mu m$孔(2处)	4	超差1处扣2分		
配合	12	间隙≤0.05(5处)	25	超差1处扣5分		
	13	错位量≤0.06	7	超差全扣		
其他	14	安全文明生产	违者酌情扣1~10分			

六、主要加工步骤

1.检查坯料情况。
2.按图样划出外形加工线。
3.加工左侧凸台,用百分表检测、保证其对称度。
4.划出左、右侧孔加工线,钻、铰两处两 ϕ10H7 孔。
5.按凸台实际尺寸配作右侧凹槽,并保证与左侧凸台垂直。
6.划出锯割加工线,锯割。
7.去毛刺,复检。

课题十二　梯形双头配

一、教学目的

1.掌握深孔和配钻的加工方法。
2.提高综合操作技能。

二、工、量、刃具清单

名称	规格/mm	精度/mm	数量	名称	规格/mm	精度/mm	数量
高度游标卡尺	0～300	0.02	1	锯条			自定
游标卡尺	0～150	0.02	1	锤子			1
外径千分尺	0～25	0.01	1	狭錾子			1
	25～50	0.01	1	样冲			1
游标万能角度尺	0°～320°	2′	1	划针			1
90°角尺	100×63	0级	1	划规			1
刀口形直尺	100		1	钢直尺	150		1
杆杠百分表	0～0.8	0.01	1	粗扁锉	250		1
磁性表座			1	中扁锉	200,150		各1
半径样板	1～6.5		1	细扁锉	150		1
塞尺	0.02～1		1	细三角锉	150		1
芯棒	ϕ7.8×100		1	中圆锉	200		1
塞规	ϕ8	H7	1	细圆锉	150		1
麻花钻	ϕ5,ϕ7.8,ϕ9,ϕ12		各1	整形锉			1副
				软钳口			1
直铰刀	ϕ8	H7	1	锉刀刷			1
铰杠			1	毛刷			1
锯弓			1				

三、坯料图

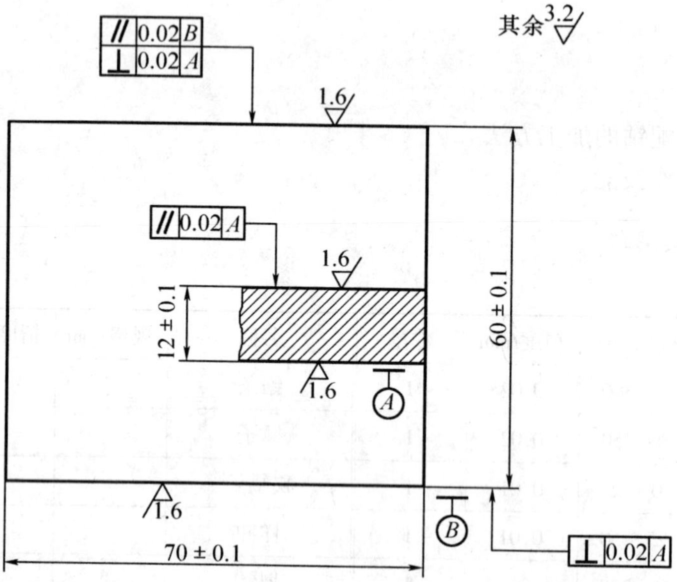

四、试件图

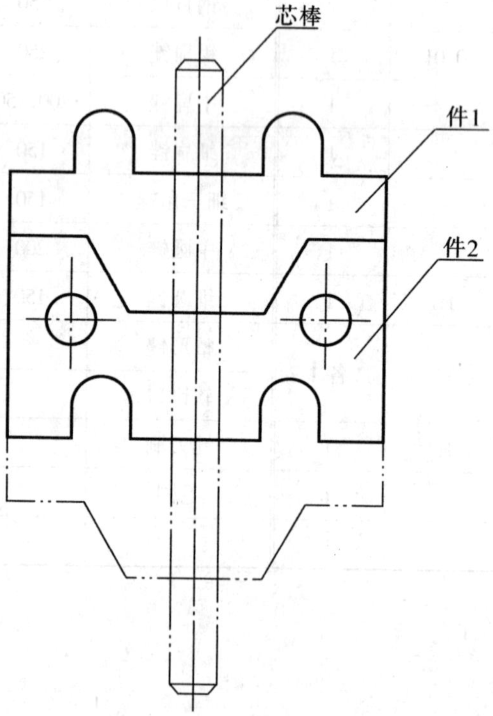

技术要求：

1.件2按件1及配合要求配件；

2.如图所示，将 $\phi7.8$ 芯棒分别两次插入件1和件2中，保证配合互换要求；配合间隙：平面部分 $\leqslant 0.03$ mm，曲面部分 $\leqslant 0.04$ mm，外侧错位量 $\leqslant 0.05$ mm。

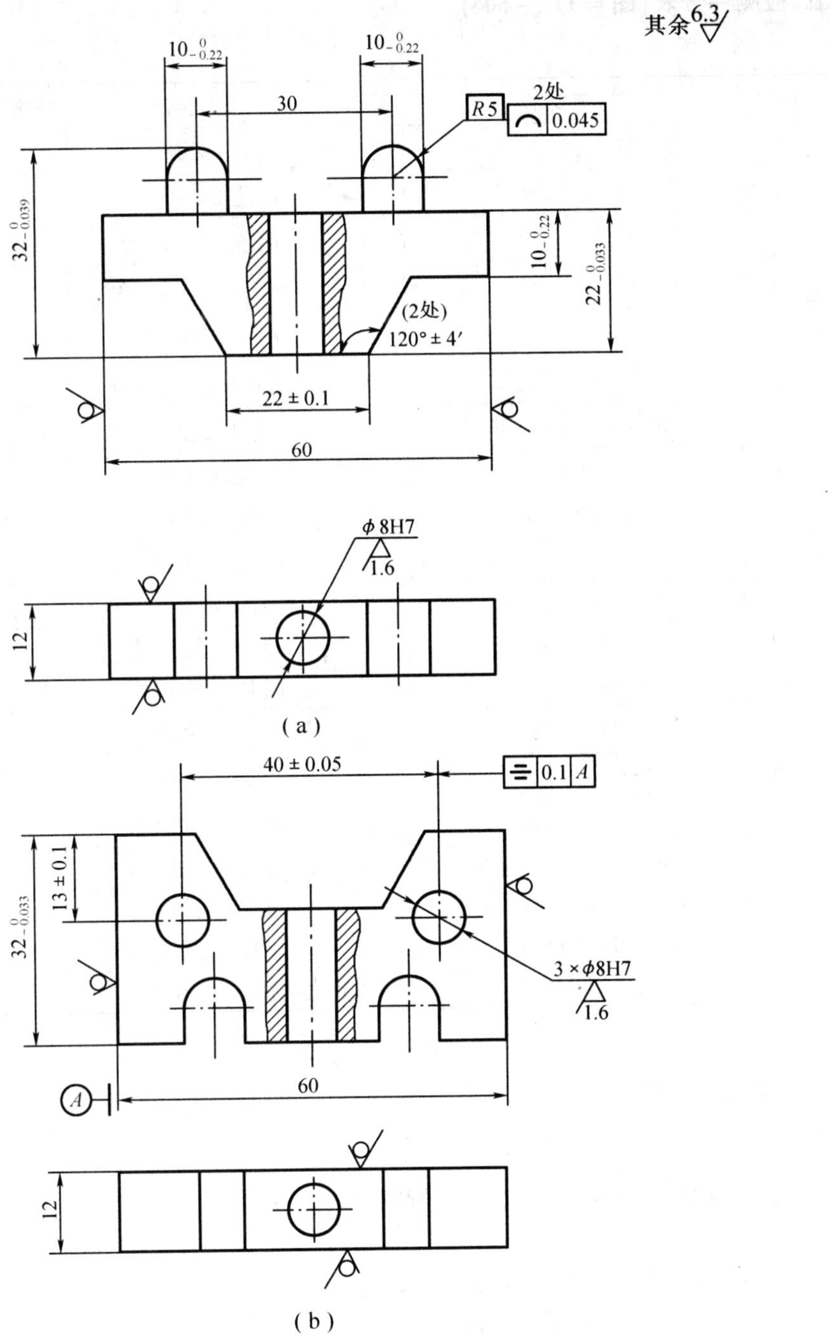
其余 6.3
$10_{-0.22}^{\ 0}$
$10_{-0.22}^{\ 0}$
30
R5
2处
0.045
$32_{-0.039}^{\ 0}$
$10_{-0.22}^{\ 0}$
$22_{-0.033}^{\ 0}$
(2处)
120° ± 4′
22 ± 0.1
60
φ8H7
1.6
12
(a)
40 ± 0.05
0.1 A
$32_{-0.033}^{\ 0}$
13 ± 0.1
3 × φ8H7
1.6
60
A
12
(b)

(a)件1;(b)件2

五、检测评分表(图号 QZ－604)

项目	序号	考核要求	配分	评分标准	检测结果	得分
件1	1	$22^{\ 0}_{-0.033}$(3处)	3	超差1处扣1分		
	2	$10^{\ 0}_{-0.022}$(2处)	4	超差1处扣2分		
	3	$32^{\ 0}_{-0.039}$(2处)	4	超差1处扣2分		
	4	$10^{\ 0}_{-0.022}$(2处)	4	超差1处扣2.5分		
	5	⌒ 0.045 (2处)	8	超差1处扣4分		
	6	120°±4′(2处)	5	超差1处扣2.5分		
	7	$R_a \leqslant 3.2\ \mu m$(12处)	6	超差1处扣0.5分		
	8	ϕ8H7	1	超差全扣		
	9	$R_a \leqslant 1.6\ \mu m$	1	超差全扣		
件2	10	$32^{\ 0}_{-0.033}$	3	超差全扣		
	11	$R_a \leqslant 3.2\ \mu m$(10处)	5	超差1处扣0.5分		
	12	ϕ8H7(3处)	3	超差1处扣1分		
	13	13±0.1(2处)	4	超差1处扣2分		
	14	40±0.05	5	超差全扣		
	15	⌯ 0.1 A	4	超差全扣		
	16	$R_a \leqslant 1.6\ \mu m$(24处)	3	超差1处扣1分		
配合	17	平面间隙≤0.03(24处)	24	超差1处扣2分		
	18	曲面间隙≤0.04(2处)	4	超差1处扣2分		
	19	错位量≤0.05(4处)	8	超差1处扣2分		
其他	20	安全文明生产		违者酌情扣1～10分		

六、主要加工步骤

1. 检查坯料尺寸，进行必要修整。
2. 按图样划出凹、凸件外形加工线，锯割分料。
3. 加工件1
(1)加工上侧两凸台圆弧，达到精度要求。
(2)加工下侧梯形凸台，全面复检。
(3)去毛刺，复检。
4. 加工件2
(1)钻排孔，锯割去除余料，并粗锉接近尺寸线。
(2)加工外形尺寸32 mm。
(3)按件1分别配锉件2各面，达到配合互换要求。
5. 划线，在配合状态下套钻、铰 ϕ8H7深孔。
6. 去毛刺，复检全部精度要求。